作者序
黃宗辰

因麵包而認識了育瑋老師，
也因麵包而讓彼此拉近了友誼。
麵包對我而言是一個有溫度的生命，
藉本書與育瑋老師一同合作，寫下關於我們的麵包故事。
希望將本書分享給喜愛烘焙的朋友們，讓大家一同感受這本書的用心
及溫度。

　　從事麵包工作迄今已超過二十個年頭，期間也幫自己在職場生涯
某些時刻，寫下了深刻的記憶。一直希望可以完整地記錄自己每一個
階段所學，又或者發想的新產品，於是開始了烘焙工具書的創作。

　　本書是我的第三本麵包工具書，烘焙業其實是不斷地在推陳出新
的，秉持著分享以及傳承的初衷，宗辰很榮幸也很樂意將自己所接觸
的烘焙經驗與大家分享。

　　麵包對我而言是一個有溫度的生命，於是我終其一生投注在這個
產業，感謝烘焙讓我的生命發光發熱，也慶幸我的興趣與工作能做一
個結合，讓我的每一天都充滿意義。

　　因麵包認識了育瑋老師，發現育瑋是一位善良、正氣且樂於分享的
烘焙工作者，也因麵包工作而讓彼此更拉近彼此間的友誼，發現育瑋對
麵包做工的堅持與自己十分相近，我們都是屬於「頑固老爹」型的中年
男子，於是在出版社的邀約之下，開始了這本書的創作，也為我倆的友
誼做一筆深刻的註記。

　　藉由這本書與育瑋老師一同合作，寫下了關於我們的麵包故事。
將本書分享給喜愛烘焙的朋友們，期盼大家都能感受我們投入在本書
的心意與溫度。

作者序
林育瑋

友誼長存

　　五年前在海外跟黃宗辰老師認識，欣賞他對麵包的熱情，和他對學生的指導態度，願意把自己的寶貴經驗無私分享給每一位學生，藉由出版本書來紀錄我們的友誼。

　　這幾年，麵包烘焙出現了「微發展」的趨勢。許多人培養吃麵包的習慣，麵包不再只是早餐的食物，從到店裡買麵包，只是單純想吃的動作；到認識麵包，研究麵團作法流程；麵包帶給消費者的，除了好吃的感動以外，還成了人們發展第二專長的「斜槓」副業了！烘焙業的發展其實是很多元化的，時代在變，在自家廚房手做麵包，透過網路平台行銷包裝產品、為消費者定製想要的麵包、推出限定版麵包，都是這個數位時代在做的事。我自己平常在家偶爾也會做麵包，希望這本書能夠為家庭烘焙領域帶來更多幫助，讓每位朋友都能建立屬於自己的「家庭麵包夢工廠」。

　　麵包師傅最重要的就是精神！做出一個麵包很簡單，但要做出會讓人感動的麵包不容易，做出好吃的麵包最重要的是一份態度和精神，也是種榮耀感，我常說寧願丟掉一盤麵包，也不要失去一位客人，在宗辰師傅身上我看到了這種精神。

　　在這快速變遷的時代，烘焙師傅面對的是更多的挑戰，除了需要精通烘焙技巧，還需適應這樣快速變化的趨勢，不斷學習不同文化，接觸更多樣的食材，在原有的基礎上突破創新，為麵包注入新的活力與養分是最重要的課題。麵包不單單只是麵包，它可以有兒時回憶的點點滴滴；中年時期早餐及下午茶的美味時光；年老時養生的美味佳餚，其實我們師傅最想看到的莫過於客人看到麵包時，眼睛閃爍著微光及垂涎欲滴的那一刻，最後希望本書暢銷，懷抱著對未來憧憬與渴望，將更上一層樓為烘焙界注入新的元素與光彩。

麥之田食品

總經理

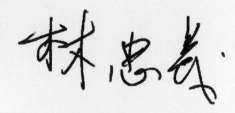

無私傳承，延續烘焙展精神力量

　　繼二〇二〇年宗辰出版了《黃宗辰職人日誌麵包書》，宗辰的付出精神，與無私傳承的精神，都是值得後輩學習效仿的優秀特質。從學徒至今二十四個年頭，我看到的是永不放棄的精神，學習心態的謙卑，連與後輩的分享，都是大大方方地無私付出。

　　《家庭麵包夢工廠》是宗辰與育瑋師傅聯手合作出版的一本書，相信大家在這本書的內容裡，絕對會有所收穫，是值得珍藏的一本書。藉由此書，也讓烘焙再度發光發熱。

驛珍食品

經理

推薦序
林素敏

　　深信此次育瑋與宗辰的合作出書，不單只是愛好烘焙，而是在這疫情延燒的時局下，透過影片、照片等方式傳達對麵包的熱愛，讓喜愛烘焙的大眾能更深入了解麵包，讓更多喜歡吃麵包的人，有更正確的觀念及選擇，將專業的技術經驗分享給更多人，結合我們生活中不可欠缺的營養食材，麵包不只是美味，透過「一起做麵包」，讓人與人之間交流更加融洽，疫情時節雖尚未明朗，但透過二位大師溫暖之手，再度帶給世界有溫度的美味，增添每日餐桌健康又溫暖的美味生活。

日本短期留學鳥越製粉麵包學校創辦人
鐵能社有限公司
鐵家族有限公司

家長

林素敏

推薦序
施政喬 (黑皮喬)

    過去二十年，育瑋師傅一直都是我最好的導師兼夥伴，很開心對於烘焙一直保持高度敏銳的育瑋師傅，能夠無私的公開自己的食譜，並以職人的角度，將作法轉換成讓烘焙素人都能理解的，淺顯易懂的文字。這本書相信非常適合喜歡烘焙及剛接觸烘焙的人。

菓然元味

施政喬
(黑皮喬)

推薦序
李俞慶 (小林老師)

    第一次認識育瑋老師，是在海外的某一次講習會上，還記得台上的育瑋老師非常靦腆，像個鄰家大男孩，非常仔細、細心的回答著每一位學員的問題。從育瑋老師的身上我學習到非常多，不論是關於麵包知識或是待人處事上，都是一位我非常景仰的前輩。

    育瑋老師曾經與我們分享過一段話，至今深深地印在我的腦海裡：「雖然市場競爭大，營運比較困難，但是駿業崇隆的前輩也大有人在，一定要相信自己。」，這句話時刻在我心中，督促著我每一天的前進。

    相信育瑋老師、宗辰師傅所寫的這本書籍，閱讀的您，也能感受到他們的用心及仔細。

小林煎餅

李俞慶
(小林老師)

CONTENTS

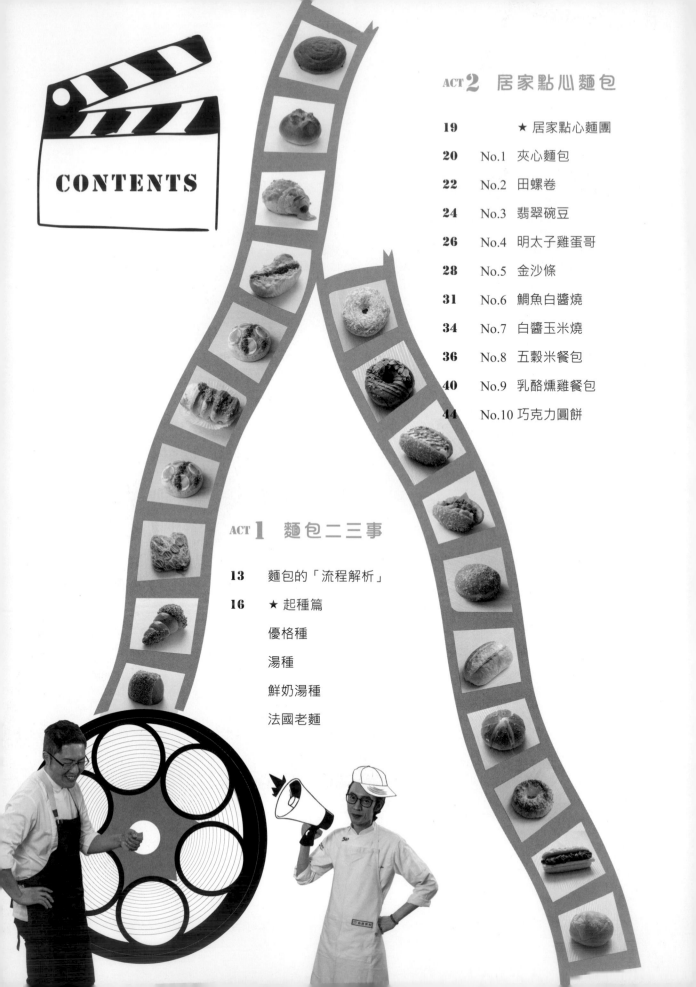

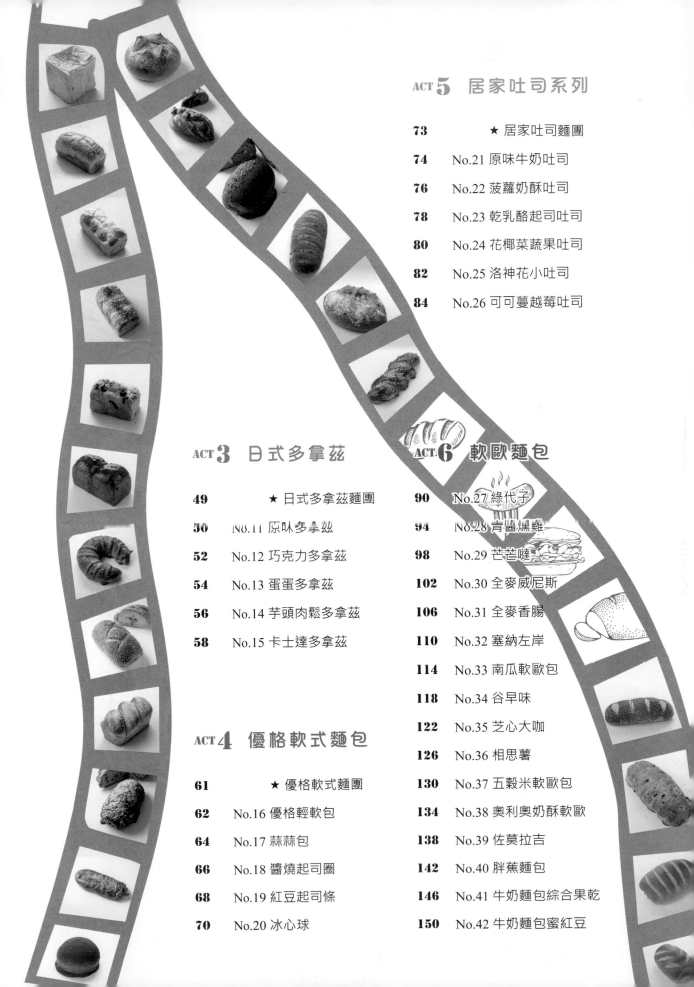

ACT 1

麵包二三事

🧑‍🍳 麵包的「流程解析」

Step 1：攪拌

　　通過攪拌使配方中所有材料混合，並使麵粉內的澱粉與液態結合，形成麵筋。麵筋的多寡會隨著攪打程度有所不同，麵筋是否緊密？是序列有致，還是雜亂無章？麵筋的結構會影響食用時的組織、口感。

　　使用攪拌機將乾性材料跟濕性材料慢速混合均勻，注意乾性材料需分開放置，避免材料與材料過早接觸，互相影響。接著轉中速或快速，適時停機，將黏在缸壁的材料往下刮，麵團會反覆被勾狀攪拌器帶離原本位置，透過反覆摔打和拉扯延展的方式使麵團產生麵筋。

　　此時的麵團表面會有些許的光澤，手抓一塊約乒乓球大小的麵團，雙手輕拉，確認是否可延展至有厚膜、破口呈鋸齒狀，此階段又稱為「擴展狀態」。

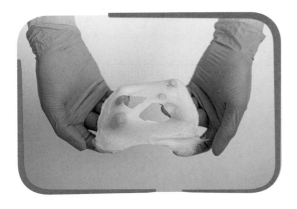

　　接著加入奶油，先以慢速攪拌，讓奶油跟麵團大致融合，此時麵團表面會有一些粗糙且濕黏，轉中速或快速攪拌，適時停機，將黏在缸壁的材料往下刮到大麵團裡，最後

　　攪拌到麵團光滑，手抓一塊約乒乓球大小的麵團，雙手輕拉，確認是否可延展至薄膜透光、破口圓潤無鋸齒狀之狀態，此階段又稱「完全擴展狀態」。麵團中心溫度控制在 25 ~ 27°C 之間，完成攪拌。

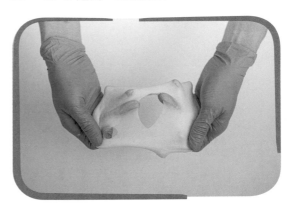

Step 2：基本發酵

　　發酵是「小麥粉跟水結合的過程」，完成時表面會有些微光澤感（因發酵環境有濕度要求），比較不像攪拌剛完成時表面會有沾黏感。透過麵團中的酵母，搭配穩定的環境重整「麵筋」。酵母會產生二氧化碳氣體，使麵團體積膨脹，於此過程中重整麵筋。

> ★ 發酵的目的
>
> 　　攪打僅初步產生麵筋，麵筋結構較為鬆散，發酵可以重整結構，使其組織更加規律，產生不同的風味、氣體。麵團經由發酵變得柔軟，延展性較佳、麵筋熟成，麵團體積也會變大。

發酵時間從三十分鐘到兩小時，溫度約 25~32°C，濕度約 75~80%。溫度影響「發酵速度」，溫度高速度快，但雜菌增加，容易使麵團口感過酸；溫度低速度慢，雖然有充分時間讓麵粉與液態結合，但容易有製作時間過長等問題。濕度不足時，麵團會曝露在空氣中漸漸風乾，在表面形成一層硬皮，影響麵團膨脹，阻礙麵團發酵。

★ 若無發酵箱，該如何替代？

❶ 準備保麗龍箱，箱內放一碗熱水，如此內部便會有溫度與濕度，再將須發酵的麵團放入箱內，蓋上蓋子進行發酵。

❷ 利用烘碗機（無須開機），內部放一碗熱水，如此內部便會有溫度與濕度，再放入須發酵的麵團，進行發酵。

❸ 找一塊蒸籠布沾溼，覆蓋麵團進行發酵。

Step 3：分割

麵團撒上適量手粉（高筋麵粉），桌面與手也同時撒少許手粉，防止沾黏。將麵團置於桌面上，輕拍排氣，將麵團大致整平，使其成厚度大略一致的四方形。分割時注意不要亂切。毫無規律的亂切會影響麵筋結構，容易出現烤焙後麵包大小不一之狀況。用切麵刀輕壓麵團做記號，橫切三到四等分條狀，再依分割重量切一定的大小秤重，有多有少

的麵團都收在底部。

分割後要將麵團收整成相同的形狀幫助發酵，此步驟可按照「整形需求」，收整成圓形、橢圓形。麵團表面光滑面朝上，雙手沾手粉，雙手固定在麵團表面以順時針方向輕鬆整圓，把表面大氣泡擠壓掉就可以了。

Step 4：中間發酵

分割後需要 30 ~ 40 分鐘的中間發酵讓麵團重整麵筋，使麵團鬆弛、具備延展性，提升操作性。沒有中間發酵的麵團操作時容易收縮，難以收整成理想的造型。

Step 5：整形

整形的要點是「用最少的動作，達到塑形效果」，手法要輕柔迅速，不可過度操作，影響麵團內部組織，拍、擀如果太用力可能會壓死酵母，影響最後發酵。

Step 6：最後發酵

整形後擺上不沾烤盤，麵團的間隔距離要一致，距離不要靠太近，避免膨脹後黏在一起。

整形後的麵團經最後發酵後，體積會增加約 0.5 ~ 1 倍，表面不會太濕黏，此時的麵團內部充滿氣體，輕壓麵團會回彈有彈性，很柔軟，這個階段就不可以太用力去移動麵團，或敲到烤盤，避免震出麵團內的氣體，影響烤焙體積。

Step 7：入爐烘烤

使麵包大小跟表皮達至最好的呈現，烤焙彈性決定麵包體積。一般在麵包烤焙時間達到設定時間 1/3 時，麵包的發酵速度會加快，麵團膨脹，直到內部溫度達到 60~65℃，麵包將停止發酵膨脹，在剩餘時間內藉由高溫使麵團中的水分蒸發，將麵包烤熟，以利食用。

★ 烤焙時，噴蒸氣的用意與目的？

一方面使麵包體積膨脹，另一方面可使麵包表面澱粉適當糊化，在烘烤時充分進行「焦化」作用，令烘烤達到表面深度上色、但不燒焦之程度（需搭配上下火控制）。

★ 如家用烤箱無蒸氣功能，該如何解決？

先預熱烤箱，準備鋼盆，鋼盆內裝滿洗乾淨的小石頭，先入烤箱烤約 30~40 分鐘。

待麵包要烤焙時，打開烤箱，放入烤盤，小心於鋼盆內倒入少許水，此時便會產生蒸氣，一同烤焙即可。

★ 速發乾酵母與新鮮酵母的比例換算

速發酵母 1：新鮮酵母 3。

★ 做麵包的 3 大要領

❶「計時」：從攪拌到出爐，全程記錄每個階段花費的時間。紀錄結果，分析每個結果的原因。

❷「計量」：製作麵包會因為量的多寡影響發酵速度快慢，所以要注意麵團總重量，一旦調整配方總重，基發、中發、後發、烘烤時間都要一並微調改變。

❸「計溫」：製作麵包需適時注意溫度，溫度會影響發酵快慢，從室溫、水溫、麵團溫度、發酵溫度、乃至烤焙溫度，每個環節的溫度都會影響麵包最終的口感。

★ 配方數量小叮嚀

❶ 如何計算配方數量？所有材料公克數相加，得出「總數」，總數除以分割重量，即可知道能做多少數量。

❷ 家庭式份量如何縮減？把配方總數除以 2 或除以 3（甚至除以 5）在自己好操作的範圍內即可。

優格種

湯種

材料：

法印法國粉	500g
原味優格	150g
蜂蜜	20g
水	450g
速發乾酵母	1g

作法：

❶ 速發乾酵母、水預先拌溶。

❷ 依序加入法印法國粉、原味優格，蜂蜜拌勻。

❸ 放入乾淨無菌容器內，以保鮮膜妥善封起（或蓋起蓋子），室溫 25~27℃ 發酵 2 小時。

❹ 再冰入冷藏，約 12~15 小時即可使用。

★ 後續冷藏保存，建議 1~2 天內使用完畢。

材料：

哥磨高筋麵粉	100g
水	110g
細砂糖	10g
鹽	1g

作法：

❶ 水用大火煮滾，煮至冒泡沸騰。

❷ 關火，加入剩餘材料拌勻。

❸ 靜置冷卻後，以保鮮膜妥善封起。

❹ 再冰入冷藏，約 12~15 小時即可使用。

★ 後續冷藏保存，建議 4 天內使用完畢。

鮮奶湯種

法國老麵

材料：

鮮奶	500g
法國粉	300g

作法：

❶ 鮮奶用中火（或中大火）煮至 65 ~70℃，煮製期間要不時攪拌，避免鍋底燒焦。

❷ 離火，然後加入法國粉拌勻，拌至糊狀即可。

❸ 靜置冷卻，以保鮮膜妥善封起。

❹ 再冰入冷藏，冷藏約 12 小時即可使用。

★【鮮奶湯種】後續冷藏保存，
　建議 3 天內使用完畢。

★【法國老麵】後續冷藏保存，
　建議 4 天內使用完畢。

材料：

法國粉	500g
鹽	10g
低糖乾酵母	3.5g
水	335g

作法：

❶ 攪拌缸加入所有材料，慢速 5 分鐘，中速 2 分鐘。

❷ 確認麵團能拉出厚膜、破口呈鋸齒狀（擴展狀態），麵團終溫 23℃。

❸ 不沾烤盤噴上烤盤油（或刷任意油脂），取一端朝中心摺。

❹ 取另一端摺回，把麵團轉向放置，輕拍表面均一化（讓麵團發酵比較均勻），此為三摺一次。

❺ 基本發酵 60 分鐘（溫度 32℃ / 濕度 75%）。

❻ 表面用袋子妥善封起，移至 -3℃ 冷藏，靜置發酵 12 小時，即可使用。

ACT 2
居家點心麵包

★ 居家點心麵團

材料

		%	g
A	純芯高筋麵粉	70	350
	法印法國粉	30	150
	上白糖	12	60
	鹽	1	5
	牛老大特級全脂奶粉	3	15
B	全蛋	10	50
	原味優格	15	75
	水	45	225
C	新鮮酵母	3	15
D	無鹽奶油	12	60

攪拌

1　攪拌缸加入材料 A 乾性材料，倒入材料 B 濕性材料。

2　慢速攪拌 3~4 分鐘，攪拌至稍微成團，加入新鮮酵母，繼續攪拌至有麵筋出現。

3　確認麵團能拉出厚膜、破口呈鋸齒狀時（擴展狀態），加入無鹽奶油，慢速攪拌 3 分鐘，讓奶油與麵團大致結合。

4　轉快速攪拌 2 分鐘，再慢速 1 分鐘，確認麵團薄膜透光，破口圓潤無鋸齒狀（完全擴展狀態），麵團終溫約 27℃，攪拌完成。

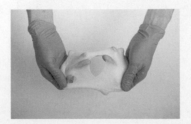

基本發酵

5　不沾烤盤噴上烤盤油（或刷任意油脂），取一端朝中心摺。

6　取另一端摺回，把麵團轉向放置，輕拍表面均一化（讓麵團發酵比較均勻），此為三摺一次。

7　放入透明盒子，再送入發酵箱發酵 30 分鐘（溫度 30~32℃／濕度 85%）。

NO.1
夾心麵包

🍚 夾心奶油餡

無鹽奶油	500g
煉乳	180g

1. 無鹽奶油軟化至手指按壓可留下指痕之程度。

2. 乾淨鋼盆加入無鹽奶油，中高速打發至顏色呈白色，體積增長且蓬鬆之狀態。

3. 加入煉乳以刮刀拌勻，完成。

🧑‍🍳 烘焙流程表

❶ 攪拌基發

詳 ★ 居家點心麵團（P.19）
製作

❷ 分割滾圓

80g

❸ 中間發酵

40 分鐘（溫度 28~30℃ / 濕度
85%）

❹ 整形

詳閱內文

❺ 最後發酵

40 分鐘（溫度 28~30℃ / 濕度
85%）

❻ 裝飾烤焙

刷全蛋液，上火 210 / 下火
180℃，12~14 分鐘

❼ 烤後裝飾

詳閱內文（備妥夾心奶油餡、
花生粉）

攪拌基發

1 麵團參考【烘焙流程表】
   完成攪拌、基本發酵。

分割滾圓

2 參考【烘焙流程表】分割
   麵團，滾圓，底部收緊輕
   壓，麵團間距相等排入不
   沾烤盤中。

中間發酵

3 參考【烘焙流程表】，將
   麵團送入發酵箱發酵。

整形

4 輕拍排氣，以擀麵棍擀開
   ，翻面，底部壓薄，由前
   朝後收摺成橄欖形。

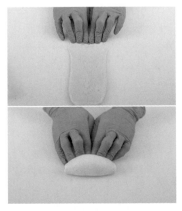

最後發酵

5 間距相等排入不沾烤盤，
   參考【烘焙流程表】最後
   發酵。

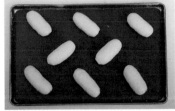

裝飾烤焙

6 刷全蛋液，送入預熱好的
   烤箱，參考【烘焙流程表】
   烘烤。

Tips 烘烤的溫度、時間僅供參考，
      需依烤箱不同微調數據。

烤後裝飾

7 麵包出爐放涼，從中切一
   刀不切斷。

8 底部抹夾心奶油餡，闔
   起，再抹夾心奶油餡，沾
   裹花生粉，完成。

🥣 奶油餡

發酵奶油	500g
動物性鮮奶油	50g
煉乳	150g

1. 發酵奶油軟化至手指按壓可以留下指痕之程度。

2. 乾淨鋼盆加入發酵奶油、動物性鮮奶油，先以慢速打至材料大致混勻。

 Tips 必須先用慢速攪打，若一開始就用中高速攪打，鋼盆內的液體會四處噴濺。

3. 轉中高速打發至顏色呈淡黃色，體積增長且蓬鬆之狀態。

4. 加入煉乳以刮刀拌勻，裝入擠花袋中。

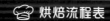

👨‍🍳 烘焙流程表

❶ 攪拌基發

詳 ★ 居家點心麵團（P.19）製作

❷ 分割滾圓

60g

❸ 中間發酵

40 分鐘（溫度 28~30°C / 濕度 85%）

❹ 整形

詳閱內文（備妥田螺模具）

❺ 最後發酵

40 分鐘（溫度 28~30°C / 濕度 85%）

❻ 裝飾烤焙

刷全蛋液，上火 210 / 下火 180°C，12~14 分鐘

❼ 烤後裝飾

詳閱內文（備妥奶油餡、烤過開心果碎、烤過杏仁角、葡萄乾）

NO.2
田螺卷

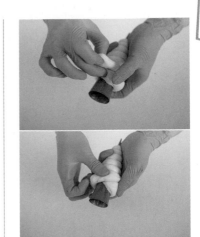

攪拌基發

1　麵團參考【烘焙流程表】完成攪拌、基本發酵。

分割滾圓

2　參考【烘焙流程表】分割麵團，滾圓，底部收緊輕壓，間距相等排入不沾烤盤。

中間發酵

3　參考【烘焙流程表】，將麵團送入發酵箱發酵。

整形

4　輕拍排氣，以擀麵棍擀開，翻面轉向，底部壓薄。

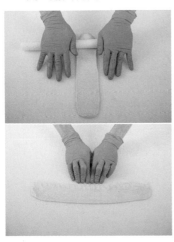

5　由前朝後收摺成長條形，搓長，搓一頭粗一頭細，排入不沾烤盤，蓋上塑膠袋妥善包覆，冷藏約 15~20 分鐘。

Tips　麵團有些許硬度，更好整形。

6　細頭部份按壓在田螺模具的頂端，麵團沿模具往下繞圈。

7　繞至底部，接著將麵團妥善收口。

最後發酵

8　間距相等排入不沾烤盤，參考【烘焙流程表】最後發酵。

裝飾烤焙

9　刷全蛋液，送入預熱好的烤箱，參考【烘焙流程表】烘烤。

烤後裝飾

10　麵包出爐放涼，中心用擠花袋填入奶油餡，沾上葡萄乾。

11　表面抹奶油餡，分別撒上烤過開心果碎、烤過杏仁角，完成。

翡翠碗豆皮

碗豆泥	100g
蛋白	50g
小蘇打粉	5g

☞ 所有材料一同拌勻。

Tips 小蘇打粉依個人喜好，可加可不加。

🍳 烘焙流程表

❶ 攪拌基發

詳 ★ 居家點心麵團（P.19）製作

❷ 分割滾圓

70g

❸ 中間發酵

40 分鐘（溫度 28~30℃ / 濕度 85%）

❹ 整形

詳閱內文（備妥火腿片、起司片）

❺ 最後發酵

40 分鐘（溫度 28~30℃ / 濕度 85%）

❻ 烤前裝飾

詳閱內文（備妥翡翠碗豆皮、熱狗片、美乃滋）

❼ 入爐烘烤

上火 210 / 下火 180℃，12~14 分鐘

NO.3 翡翠碗豆

攪拌基發

1　麵團參考【烘焙流程表】完成攪拌、基本發酵。

分割滾圓

2　參考【烘焙流程表】分割麵團，滾圓，底部收緊輕壓，麵團間距相等排入不沾烤盤中。

中間發酵

3　參考【烘焙流程表】，將麵團送入發酵箱發酵。

整形

4　輕拍排氣，以擀麵棍擀開，麵團中間要比前後端稍厚一些，翻面。

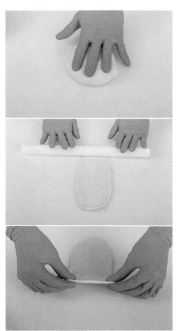

5　捉住四角麵皮，向外輕拉，整形成長方形。

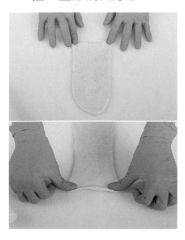

6　中心鋪上火腿片、起司片。

7　取前後兩端朝中心收摺，接縫處捏緊輕壓，翻面。

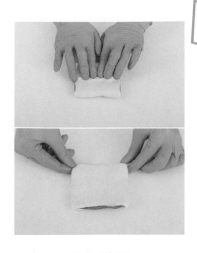

最後發酵

8　間距相等排入不沾烤盤，參考【烘焙流程表】最後發酵。

烤前裝飾

9　鋪上翡翠碗豆皮、熱狗片，擠美乃滋。

入爐烘烤

10　送入預熱好的烤箱，參考【烘焙流程表】烘烤。

NO.4 明太子雞蛋哥

🧑‍🍳 烘焙流程表

❶ 攪拌基發

詳 ★ 居家點心麵團 (P.19) 製作

❷ 分割滾圓

60g

❸ 中間發酵

40 分鐘 (溫度 28~30℃ / 濕度 85%)

❹ 整形

詳閱內文 (使用「矽利康模圓框型」模具，模具可用可不用)

❺ 最後發酵

40 分鐘 (溫度 28~30℃ / 濕度 85%)

❻ 烤前裝飾

詳閱內文 (備妥全蛋液、起司粉、水煮蛋片)

❼ 入爐烘烤

上火 200 / 下火 170℃，12~13 分鐘

❽ 烤後裝飾

詳閱內文 (備妥明太子餡、海苔粉)

 明太子醬

沙拉醬	110g
無鹽奶油	60g
明太子	100g
檸檬汁	8g
芥末醬	5g

1. 無鹽奶油軟化至手指按壓可留下指痕之程度。

2. 乾淨鋼盆加入沙拉醬、軟化無鹽奶油，以刮刀拌勻。

3. 加入明太子、檸檬汁、芥末醬拌勻，裝入三角袋備用，完成。

攪拌基發

1 麵團參考【烘焙流程表】完成攪拌、基本發酵。

分割滾圓

2 參考【烘焙流程表】分割麵團，滾圓，底部收緊輕壓，麵團間距相等排入不沾烤盤中。

中間發酵

3 參考【烘焙流程表】，將麵團送入發酵箱發酵。

整形

4 重新滾圓，底部收緊。

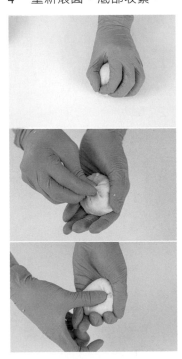

5 輕拍，以擀麵棍擀開。

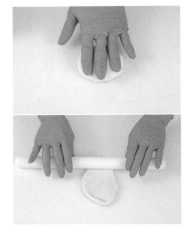

6 矽利康模圓框型間距相等排入不沾烤盤，中心放入麵團。

最後發酵

7 參考【烘焙流程表】最後發酵。

烤前裝飾

8 刷全蛋液，撒起司粉，用筷子均勻戳洞，鋪上水煮蛋片。

Tips 戳洞可以避免烘烤時麵團過度膨脹。

入爐烘烤

9 送入預熱好的烤箱，參考【烘焙流程表】烘烤。

烤後裝飾

10 出爐脫模，擠明太子醬，以相同溫度再烤 3~5 分鐘。

11 出爐撒海苔粉。

NO.5
金沙條

🥣 金沙餡

	A	無鹽奶油	150g
		糖粉（過篩）	65g
		鹽	2g
	B	全蛋液	40g
	C	牛老大特級全脂奶粉	150g
	D	烤熟鹹鴨蛋黃（壓碎）	100g

1. 無鹽奶油軟化至手指按壓可留下指痕之程度。乾淨鋼盆加入材料 A，一同拌勻。

2. 加入全蛋液拌勻，加入牛老大特級全脂奶粉拌勻，加入壓碎鹹鴨蛋黃拌勻。

🥣 金沙外皮

	A	蛋黃	165g
	B	糖粉	45g
	C	低筋麵粉	80g

1. 低筋麵粉、糖粉一同過篩。

2. 所有材料一同拌勻，接著裝入三角袋備用，完成。

👨‍🍳 烘焙流程表

❶ 攪拌基發
詳居家點心麵團（P.19）製作

❷ 分割滾圓
60g

❸ 中間發酵
40 分鐘（溫度 28~30°C / 濕度 85%）

❹ 整形
詳閱內文（備妥金沙餡、紙模，使用「矽利康方型 -140」模具）

❺ 最後發酵
40 分鐘（溫度 28~30°C / 濕度 85%）

❻ 烤前裝飾
詳閱內文（備妥金沙外皮）

❼ 入爐烘烤
上火 200 / 下火 170°C，12~14 分鐘

❽ 烤後裝飾
詳閱內文（備妥防潮糖粉、鏡面果膠、開心果碎）

攪拌基發

1　麵團參考【烘焙流程表】完成攪拌、基本發酵。

分割滾圓

2　參考【烘焙流程表】分割麵團，滾圓，底部收緊輕壓，麵團間距相等排入不沾烤盤中。

（續次頁）

中間發酵

3　參考【烘焙流程表】，將麵團送入發酵箱發酵。

整形

4　輕拍排氣，以擀麵棍擀成長片，翻面。

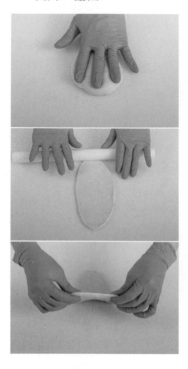

5　捉住四角麵皮，向外輕拉，整形成長方形，底部壓薄。

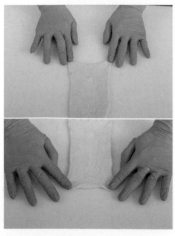

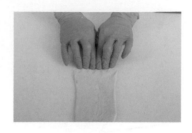

6　抹 25g 金沙餡，抹平（底部預留 1 公分），切 4 刀捲起。

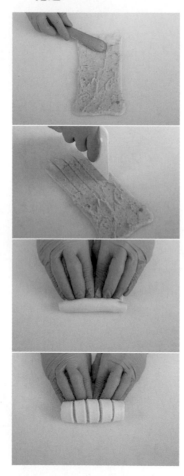

7　放入已鋪紙模的矽利康方型 -140 模具。

最後發酵

8　間距相等排入不沾烤盤，參考【烘焙流程表】最後發酵。

烤前裝飾

9　擠金沙外皮。

入爐烘烤

10　送入預熱好的烤箱，參考【烘焙流程表】烘烤。

烤後裝飾

11　隔著造型紙板篩防潮糖粉，刷鏡面果膠，在有刷果膠處撒上上開心果碎，完成。

NO.6
鯛魚白醬燒

【續次頁】

（承前頁）

激推!!
鯛魚白醬燒

好吃！うまい

 白醬

鮮奶	300g
蘑菇片	適量
高筋麵粉	30g
荳蔻粉	1g
無鹽奶油	50g
奶油乳酪	30g

1. 鮮奶中火（或中大火）煮至沸騰，其間要不停攪拌避免鍋底燒焦，離火。

2. 無鹽奶油加熱成液態備用。

3. 乾淨鋼盆加入高筋麵粉、無鹽奶油、蘑菇片，小火煮至糊化。

4. 加入作法 1 鮮奶拌勻，加入荳蔻粉、奶油乳酪，小火慢慢拌至濃稠狀，完成。

烘焙流程表

❶ 攪拌基發

詳 ★ 居家點心麵團（P.19）製作

❷ 分割滾圓

60g

❸ 中間發酵

30 分鐘（溫度 28~30℃ / 濕度 85%）

❹ 整形

詳閱內文（使用「矽利康模圓框型」模具，模具可用可不用）

❺ 最後發酵

30 分鐘（溫度 28~30℃ / 濕度 85%）

❻ 烤前裝飾

詳閱內文（備妥白醬、鯛魚片、披薩絲、黑胡椒粒）

❼ 入爐烘烤

上火 190 / 下火 160℃，15 分鐘

❽ 烤後裝飾

詳閱內文（備妥鏡面果膠、海苔粉）

攪拌基發

1　麵團參考【烘焙流程表】
　　完成攪拌、基本發酵。

分割滾圓

2　參考【烘焙流程表】分割
　　麵團，滾圓，底部收緊輕
　　壓，麵團間距相等排入不
　　沾烤盤中。

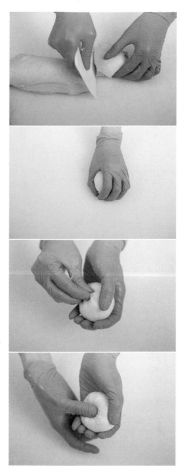

中間發酵

3　參考【烘焙流程表】，將
　　麵團送入發酵箱發酵。

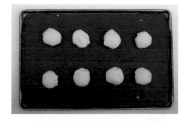

整形

4　重新滾圓，收緊底部。

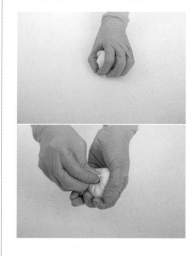

5　輕拍，以擀麵棍擀開。

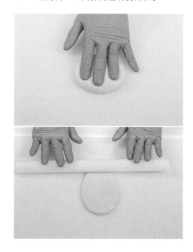

6　矽利康模圓框型間距相
　　等排入不沾烤盤，中心放
　　入麵團。

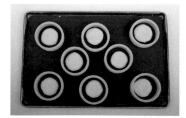

最後發酵

7　參考【烘焙流程表】最後
　　發酵。

烤前裝飾

8　抹白醬，鋪鯛魚片，撒披
　　薩絲、黑胡椒粒。

入爐烘烤

9　送入預熱好的烤箱，參考
　　【烘焙流程表】烘烤。

烤後裝飾

10　出爐放涼，刷鏡面果膠，
　　在有刷果膠處撒海苔粉，
　　完成。

NO.7
白醬玉米燒

🍚 白醬乳酪玉米餡

白醬（P.32）	300g
奶油乳酪	50g
玉米粒	150g

1. 奶油乳酪軟化至手指按壓可留下指痕之程度。
2. 所有材料一同拌勻，裝入三角袋中。

👨‍🍳 烘焙流程表

❶ **攪拌基發**

　詳 ★ 居家點心麵團（P.19）製作

❷ **分割滾圓**

　50g

❸ **中間發酵**

　30 分鐘（溫度 28~30℃ / 濕度 85%）

❹ **整形**

　詳閱內文（備妥紙模，使用「矽利康方型 -140」模具，模具可用可不用）

❺ **最後發酵**

　30 分鐘（溫度 28~30℃ / 濕度 85%）

❻ **烤前裝飾**

　詳閱內文（備妥白醬乳酪玉米餡）

❼ **入爐烘烤**

　上火 180 / 下火 150℃，15 分鐘

❽ **烤後裝飾**

　詳閱內文（備妥海苔粉）

攪拌基發

1 麵團參考【烘焙流程表】完成攪拌、基本發酵。

分割滾圓

2 參考【烘焙流程表】分割麵團，滾圓，底部收緊輕壓，麵團間距相等排入不沾烤盤中。

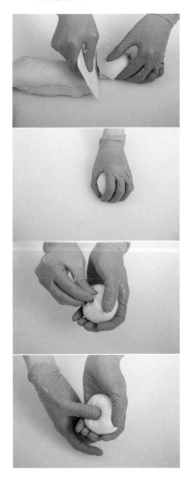

中間發酵

3 參考【烘焙流程表】，將麵團送入發酵箱發酵。

整形

4 重新滾圓。

5 手掌成爪罩住麵團，前後輕輕收緊，讓麵團呈橢圓狀。

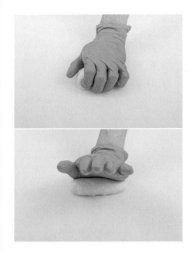

6 轉向，輕輕拍開，以擀麵棍擀開。

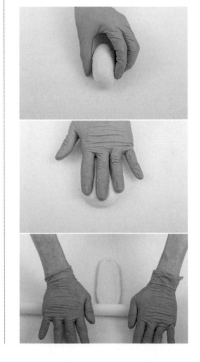

7 放入已鋪紙模的矽利康方型-140 模具。

最後發酵

8 間距相等排入不沾烤盤，參考【烘焙流程表】最後發酵。

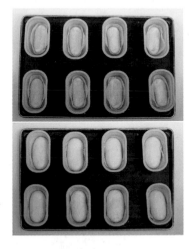

烤前裝飾

9 抹 30g 白醬乳酪玉米餡。

入爐烘烤

10 送入預熱好的烤箱，參考【烘焙流程表】烘烤。

烤後裝飾

11 撒海苔粉，完成。

NO.8
五穀米餐包

超人氣
吃了一口
再來一口

材料	%	g
A 哥磨高筋麵粉	100	500
細砂糖	10	50
鹽	1.4	7
熟胚芽粉	4	20
B 新鮮酵母	3	15
C 鮮奶	20	100
水	48	240
麥之田五穀米	20	100
★ 法國老麵（P.17）	10	50
D 無鹽奶油	6	30

攪拌

1　攪拌缸加入材料 A、材料 B、材料 C。

2　慢速攪拌 5 分鐘，轉中速 2 分鐘，攪拌至有麵筋出現，確認麵團能拉出厚膜、破口呈鋸齒狀時（擴展狀態）。

3　加入無鹽奶油，慢速攪拌 3 分鐘，讓奶油與麵團大致結合。

4　轉中速攪拌 3~4 分鐘，確認麵團薄膜透光，破口圓潤無鋸齒狀（完全擴展狀態），攪拌完成。

基本發酵

5　不沾烤盤噴上烤盤油（或刷任意油脂），取一端朝中心摺。

6　取另一端摺回，把麵團轉向放置，輕拍表面均一化（讓麵團發酵比較均勻），此為三摺一次。

7　參考【烘焙流程表】，將麵團送入發酵箱發酵。

分割滾圓

8　參考【烘焙流程表】分割麵團，滾圓，底部收緊輕壓，麵團間距相等排入不沾烤盤中。

烘焙流程表

❶ 攪拌

詳閱內文（麵團終溫 25℃）

❷ 基本發酵

50 分鐘（溫度 32℃ / 濕度 75%）

❸ 分割滾圓

50g

❹ 中間發酵

30 分鐘（溫度 32℃ / 濕度 75%）

❺ 整形

詳閱內文（備妥起司片、火腿片）

❻ 最後發酵

40 分鐘（溫度 32℃ / 濕度 75%）

❼ 烤前裝飾

詳閱內文（備妥乳酪絲、高筋麵粉）

❽ 入爐烘烤

上火 230 / 下火 150℃，噴 3 秒蒸氣，烤 7~9 分鐘

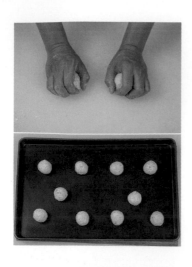

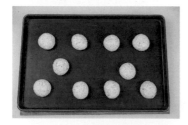

中間發酵

9　參考【烘焙流程表】，將麵團送入發酵箱發酵。

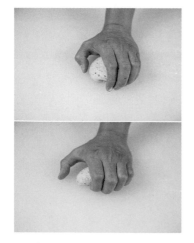

整形

10　手掌成爪罩住麵團，前後輕輕收緊，讓麵團呈橢圓狀。

11　再將一端搓細，整形成水滴狀。

12　間距相等放上不沾烤盤，表面用袋子妥善蓋住，冷藏鬆弛 30 分鐘。

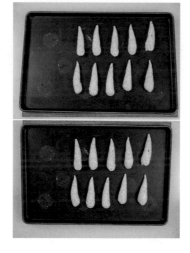

13　輕拍，以擀麵棍擀開。

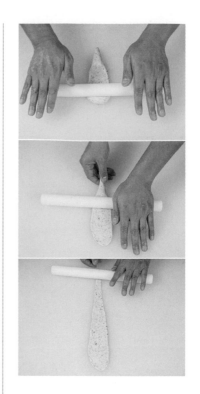

14　鋪上起司片、火腿片，捲起。

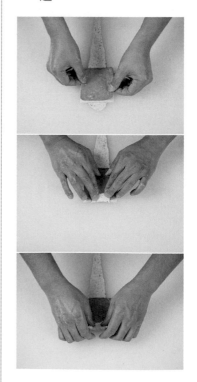

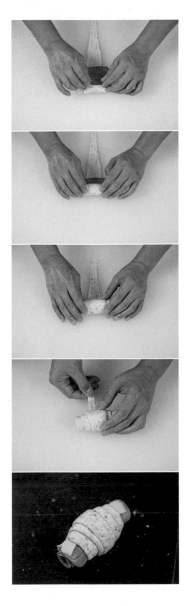

烤前裝飾

16 撒上 5g 乳酪絲，篩高筋
麵粉。

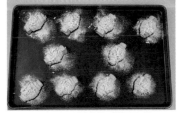

最後發酵

15 間距相等排入不沾烤盤，
參考【烘焙流程表】最後
發酵。

入爐烘烤

17 送入預熱好的烤箱，參考
【烘焙流程表】烘烤。

NO.9
乳酪燻雞餐包

燻雞乳酪餡

燻雞肉絲	210g
高溶點乳酪丁	70g
乳酪絲	35g

☞ 將所有材料一同拌勻，
　備用。

材料

		%	g
A	哥磨高筋麵粉	100	500
	細砂糖	12	60
	鹽	1.2	6
	牛老大特級全脂奶粉	4	20
B	新鮮酵母	3	15
C	全蛋	20	100
	鮮奶	10	50
	水	38	190
D	無鹽奶油	20	100

烘焙流程表

❶ 攪拌

詳閱內文（麵團終溫 25°C）

❷ 基本發酵

50 分鐘（溫度 32°C / 濕度 75%）

❸ 分割滾圓

70g

❹ 中間發酵

30 分鐘（溫度 32°C / 濕度 75%）

❺ 整形

詳閱內文（備妥燻雞乳酪餡）

❻ 最後發酵

40 分鐘（溫度 32°C / 濕度 75%）

❼ 烤前裝飾

詳閱內文（備妥全蛋液、乳酪絲）

❽ 入爐烘烤

上火 230 / 下火 150°C，烤 10~12 分鐘

攪拌

1. 攪拌缸加入材料 A、材料 B、材料 C。

2. 慢速攪拌 5 分鐘，轉中速 2 分鐘，攪拌至有麵筋出現，確認麵團能拉出厚膜、破口呈鋸齒狀（擴展狀態）。

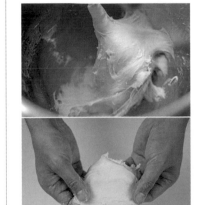

3. 加入無鹽奶油，慢速攪拌 3 分鐘，讓奶油與麵團大致結合。

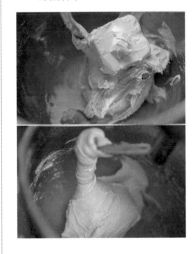

4. 轉中速攪拌 3~4 分鐘，確認麵團薄膜透光、破口圓潤無鋸齒狀（完全擴展狀態），攪拌完成。

ACT **2**

居家點心麵包

基本發酵

5. 不沾烤盤噴上烤盤油（或刷任意油脂），取一端朝中心摺。

6. 取另一端摺回，把麵團轉向放置，輕拍表面均一化（讓麵團發酵比較均勻），此為三摺一次。

7. 參考【烘焙流程表】，將麵團送入發酵箱發酵。

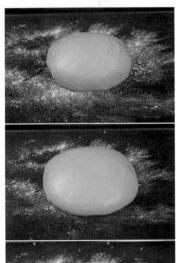

Tips 手沾適量手粉，戳入麵團測試發酵程度，若麵團不回縮即為完成。

41

8　參考【烘焙流程表】分割
　　麵團，輕輕滾圓。

9　間距相等排入不沾烤盤中
　　，參考【烘焙流程表】，
　　將麵團送入發酵箱發酵。

10　輕輕拍開麵團，中心厚周
　　圍薄。

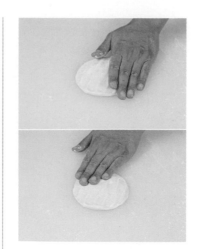

11　包入 40g 燻雞乳酪餡。

12　一手拖住麵團，一手捉住
　　周圍麵皮，慢慢朝中心收
　　口。

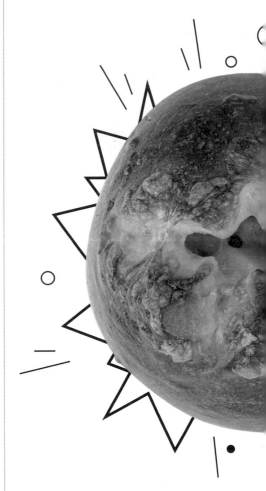

最後發酵

13 間距相等排入不沾烤盤，
　　參考【烘焙流程表】最後
　　發酵。

烤前裝飾

14 刷全蛋液，剪 2 刀，撒 5g
　　乳酪絲。

入爐烘烤

15 送入預熱好的烤箱，參考
　　【烘焙流程表】烘烤。

NO.10
巧克力圓餅

材料

		%	g
A	哥磨高筋麵粉	100	500
	可可粉	3	15
	細砂糖	14	70
	鹽	1	7
B	新鮮酵母	3	15
C	全蛋	10	50
	鮮奶	10	50
	水	50	250
	★ 法國老麵（P.17）	20	100
D	無鹽奶油	30	150
E	黑水滴巧克力豆	20	100

巧克力餅皮

		g
A	全蛋	100
	細砂糖	70
B	鈕扣黑巧克力	100
	無鹽奶油	80
C	可可粉	10
	低筋麵粉	80

1. 材料 C 粉類混合過篩。材料 B 隔水加熱融化。

2. 乾淨攪拌缸加入材料 A 打發，打發至濕性發泡狀態。

3. 加入融化的材料 B 拌勻。

4. 加入混合過篩的材料 C，輕輕拌勻避免消泡。

5. 裝入三角袋中備用，完成。

❶ 攪拌

詳閱內文（麵團終溫 25°C）

❷ 基本發酵

50 分鐘（溫度 32°C / 濕度 75%）

❸ 分割滾圓

100g

❹ 中間發酵

30 分鐘（溫度 32°C / 濕度 75%）

❺ 整形

詳閱內文

❻ 最後發酵

40 分鐘（溫度 32°C / 濕度 75%）

❼ 烤前裝飾

詳閱內文（備妥巧克力餅皮）

❽ 入爐烘烤

上火 160 / 下火 170°C，烤 20 分鐘

攪拌

1　攪拌缸加入材料 A、材料 B、材料 C。

2　慢速攪拌 5 分鐘，然後轉中速 2 分鐘，攪拌至有麵筋出現。

3　確認麵團能拉出厚膜、破口呈鋸齒狀時（擴展狀態），加入無鹽奶油，慢速攪拌 3 分鐘，讓奶油與麵團大致結合。

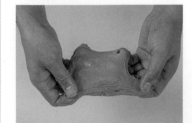

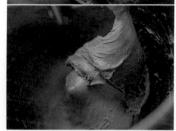

4　轉中速攪拌 3~4 分鐘，確認麵團薄膜透光，破口圓潤無鋸齒狀（完全擴展狀態）。

5　加入黑水滴巧克力豆，慢速攪打 1 分鐘，打至材料均勻散入麵團即可。

基本發酵

6　不沾烤盤噴上烤盤油（或刷任意油脂），取一端朝中心摺。

7　取另一端摺回，把麵團轉向放置，輕拍表面均一化（讓麵團發酵比較均勻），此為三摺一次。

8　參考【烘焙流程表】，將麵團送入發酵箱發酵。

> *Tips* 手沾適量手粉，戳入麵團測試發酵程度，若麵團不回縮即為完成。

分割滾圓

9　參考【烘焙流程表】分割麵團，輕輕滾圓。

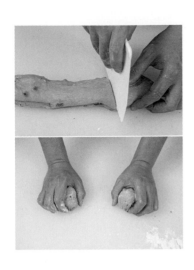

中間發酵

10 間距相等排入不沾烤盤中,參考【烘焙流程表】,將麵團送入發酵箱發酵。

整形

11 桌上撒適量手粉（高筋麵粉）,輕輕拍開麵團,以擀麵棍擀開,擀約直徑 11 公分圓片。

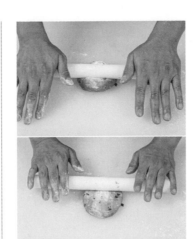

最後發酵

12 間距相等排入不沾烤盤,參考【烘焙流程表】最後發酵。

烤前裝飾

13 筷子均勻戳入麵團。

14 每個麵團擠約 60g 巧克力餅皮。

入爐烘烤

15 送入預熱好的烤箱,參考【烘焙流程表】烘烤。

ACT 3

日式
多拿兹

★ 日式多拿茲麵團

⚖ 材料

		%	g
A	純芯高筋麵粉	70	350
	低筋麵粉	30	150
	上白糖	15	75
	鹽	2	10
	牛老大特級全脂奶粉	3	15
B	蛋黃	10	50
	鮮奶	50	250
	水	10	50
C	馬鈴薯泥	5	25
D	新鮮酵母	3	15
E	無鹽奶油	12	60

攪拌

1　攪拌缸加入材料 A 乾性材料，倒入材料 B 濕性材料、材料 C 馬鈴薯泥。

Tips　下馬鈴薯可以讓麵筋收一些，吃起來口感會回彈。

2　慢速攪拌 3~4 分鐘，攪拌至稍微成團，加入新鮮酵母，繼續攪拌至有麵筋出現。

3　確認麵團能拉出厚膜、破口呈鋸齒狀時（擴展狀態），加入無鹽奶油，慢速攪拌 3 分鐘，讓奶油與麵團大致結合。

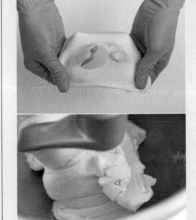

4　轉快速攪拌 2 分鐘，再慢速 1 分鐘，確認麵團薄膜透光，破口圓潤無鋸齒狀（完全擴展狀態），麵團終溫約 27℃，攪拌完成。

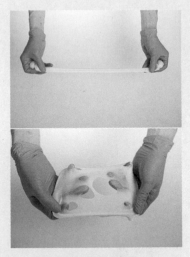

基本發酵

5　不沾烤盤噴上烤盤油（或刷任意油脂），取一端朝中心摺。

6　取另一端摺回，把麵團轉向放置，輕拍表面均一化（讓麵團發酵比較均勻），此為三摺一次。

7　放入透明盒子，再送入發酵箱發酵 40~50 分鐘（溫度 28~30℃ / 濕度 85%）。

NO.11
原味多拿茲

烘焙流程表

❶ 攪拌基發

詳 ★ 日式多拿茲麵團（P.49）
製作

❷ 分割滾圓

50g

❸ 中間發酵

20 分鐘（溫度 28~30˚C／濕度
85%）同時預熱油鍋，將油溫
預熱至 180˚C

❹ 整形

詳閱內文

❺ 最後發酵

20 分鐘（溫度 28~30˚C／濕度
85%）

❻ 油炸熟製

油溫 180˚C，炸 2 分鐘（每
20~30 秒翻面一次）

❼ 裝飾

詳閱內文（備妥防潮糖粉）

攪拌基發

1　麵團參考【烘焙流程表】
完成攪拌、基本發酵。

分割滾圓

2　參考【烘焙流程表】分割
麵團，滾圓，底部收緊輕
壓，麵團間距相等排入不
沾烤盤中。

中間發酵

3　參考【烘焙流程表】，將
麵團送入發酵箱發酵。

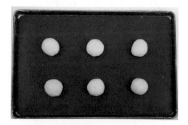

整形

4　輕壓麵團，中心點用拇指
戳入。

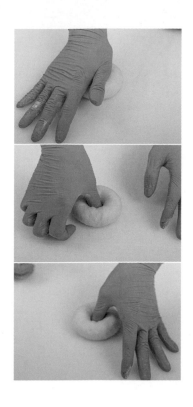

5　兩隻手指慢慢將中心點擴展開（盡量不要擠壓四周），然後繞圈將麵團慢慢擴展。

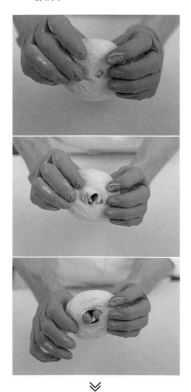

最後發酵

6　間距相等排入不沾烤盤，參考【烘焙流程表】最後發酵。

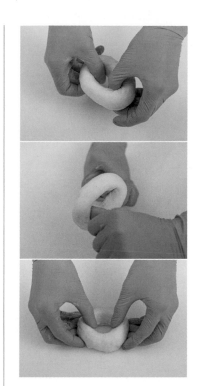

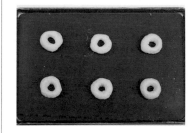

油炸熟製

7　放入預熱好的油炸油中，參考【烘焙流程表】溫度時間進行油炸。

Tips　麵團表面朝下依續投入油鍋，一次約放 6~9 個，放入後立刻依序翻面，計 30 秒。後續每 20~30 秒翻面一次，避免上色過深，共炸 2 分鐘。

裝飾

8　瀝乾油脂放涼，沾覆防潮糖粉。

Tips　多拿茲會油膩的原因大部分是因為油溫不夠，麵團才會含油，將油溫拉高即可解決此問題。

NO.12
巧克力多拿兹

🍳 烘焙流程表

❶ 攪拌基發

詳 ★ 日式多拿茲麵團（P.49）製作

❷ 分割滾圓

50g

❸ 中間發酵

20 分鐘（溫度 28~30°C / 濕度 85%）同時預熱油鍋，將油溫預熱至 180°C

❹ 整形

詳閱內文

❺ 最後發酵

20 分鐘（溫度 25~27°C / 濕度 85%）

❻ 油炸熟製

油溫 180°C，炸 2 分鐘（每 20~30 秒翻面一次）

❼ 裝飾

詳閱內文（備妥非調溫巧克力、烤過杏仁片、開心果碎）

攪拌基發

1　麵團參考【烘焙流程表】完成攪拌、基本發酵。

分割滾圓

2　參考【烘焙流程表】分割麵團，滾圓，底部收緊輕壓，麵團間距相等排入不沾烤盤中。

中間發酵

3　參考【烘焙流程表】，將麵團送入發酵箱發酵。

整形

4　輕壓麵團，中心點用拇指戳入。

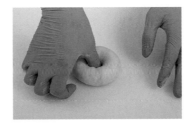

5　兩隻手指慢慢將中心點擴展開（盡量不要擠壓四周），然後繞圈將麵團慢慢擴展。

最後發酵

6　間距相等排入不沾烤盤，參考【烘焙流程表】最後發酵。

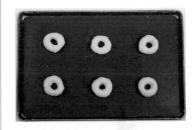

油炸熟製

7　放入預熱好的油炸油中，參考【烘焙流程表】溫度時間進行油炸。

> **Tips** 麵團表面朝下依續投入油鍋，一次約放 6~9 個，放入後立刻依序翻面，計 30 秒。後續每 20~30 秒翻面一次，避免上色過深，共炸 2 分鐘。

裝飾

8　瀝乾油脂放涼，沾覆隔水加熱的非調溫巧克力，再撒上烤過的杏仁片、開心果碎。

NO.13 蛋蛋多拿茲

🍚 蛋沙拉餡

水煮蛋	500g
沙拉醬	適量

☞ 水煮蛋壓碎，所有材料一同拌勻。

👨‍🍳 烘焙流程表

❶ 攪拌基發

詳 ★ 日式多拿茲麵團（P.49）製作

❷ 分割滾圓

50g

❸ 中間發酵

20 分鐘（溫度 28~30˚C / 濕度 85%）同時預熱油鍋，將油溫預熱至 180˚C

❹ 整形

詳閱內文（備妥全蛋液、麵包粉）

❺ 最後發酵

40 分鐘（溫度 28~30˚C / 濕度 85%）

❻ 油炸熟製

油溫 180˚C，炸 2 分鐘（每 20~30 秒翻面一次）

❼ 裝飾

詳閱內文（備妥蛋沙拉餡、番茄醬）

攪拌基發

1　麵團參考【烘焙流程表】完成攪拌、基本發酵。

分割滾圓

2　參考【烘焙流程表】分割麵團，滾圓，底部收緊輕壓，麵團間距相等排入不沾烤盤中。

中間發酵

3　參考【烘焙流程表】，將麵團送入發酵箱發酵。

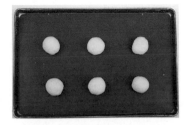

整形

4　輕拍排氣，轉向翻面。

5　底部壓薄，由前朝後摺起，整形成橄欖形。

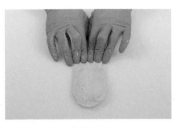

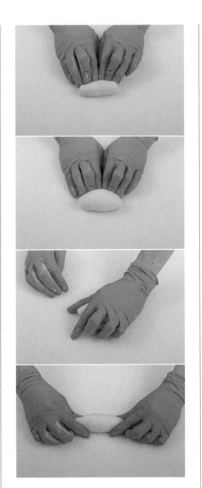

6　刷全蛋液，沾上麵包粉。

最後發酵

7　間距相等排入不沾烤盤，參考【烘焙流程表】最後發酵。

油炸熟製

8　放入預熱好的油炸油中，參考【烘焙流程表】溫度時間進行油炸。

> Tips　麵團表面朝下依續投入油鍋，一次約放 6~9 個，放入後立刻依序翻面，計 30 秒。後續每 20~30 秒翻面一次，避免上色過深，共炸 2 分鐘。

裝飾

9　瀝乾油脂放涼，從中切開，抹上蛋沙拉餡，表面擠番茄醬。

> Tips　多拿茲會油膩的原因大部分是因為油溫不夠，麵團才會含油。將油溫拉高即可解決此問題。

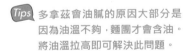

芋頭餡

芋頭丁	200g
細砂糖	40g
動物性鮮奶油	15~20g

1. 芋頭丁先以電鍋蒸熟，用筷子戳入，若能輕鬆壓碎即是熟了。
2. 所有材料一同拌勻，裝入擠花袋中。

烘焙流程表

❶ 攪拌基發

詳 ★ 日式多拿茲麵團（P.49）製作

❷ 分割滾圓

50g

❸ 中間發酵

20 分鐘（溫度 28~30°C / 濕度 85%）同時預熱油鍋，將油溫預熱至 180°C

❹ 整形

詳閱內文（備妥全蛋液、麵包粉）

❺ 最後發酵

40 分鐘（溫度 25~27°C / 濕度 85%）

❻ 油炸熟製

油溫 180°C，炸 2 分鐘（每 20~30 秒翻面一次）

❼ 裝飾

詳閱內文（備妥沙拉醬、起司片、芋頭餡、海苔肉鬆）

NO.14 芋頭肉鬆多拿茲

攪拌基發

1　麵團參考【烘焙流程表】完成攪拌、基本發酵。

分割滾圓

2　參考【烘焙流程表】分割麵團，滾圓，底部收緊輕壓，麵團間距相等排入不沾烤盤中。

中間發酵

3　參考【烘焙流程表】，將麵團送入發酵箱發酵。

整形

4　輕拍排氣，轉向翻面。

5　底部壓薄，由前朝後摺起，整形成橄欖形。

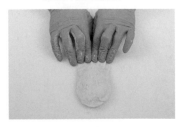

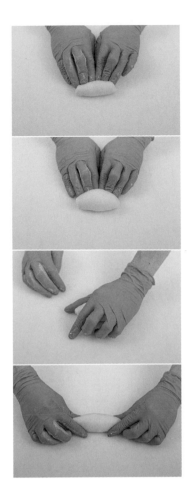

6　刷全蛋液，沾上麵包粉。

最後發酵

7　間距相等排入不沾烤盤，參考【烘焙流程表】最後發酵。

油炸熟製

8　放入預熱好的油炸油中，參考【烘焙流程表】溫度時間進行油炸。

Tips　麵團表面朝下依續投入油鍋，一次約放 6~9 個，放入後立刻依序翻面，計 30 秒。後續每 20~30 秒翻面一次，避免上色過深，共炸 2 分鐘。

裝飾

9　瀝乾油脂放涼，切開（不切斷），取一側抹沙拉醬，鋪起司片，擠芋頭餡，鋪入海苔肉鬆。

Tips　多拿茲會油膩的原因大部分是因為油溫不夠，麵團才會含油。將油溫拉高即可解決此問題。

NO.15
卡士達多拿茲

🥣 卡士達餡

鮮奶	400g
動物性鮮奶油	100g
細砂糖	100g
蛋黃	75g
玉米澱粉	30g

1. 鮮奶、動物性鮮奶油中小火加熱至 65℃，加熱時建議不時攪拌，避免底部燒焦。

2. 乾淨鋼盆加入細砂糖、蛋黃、玉米澱粉拌勻。

3. 加入作法 1 拌勻，轉中小火煮至固態微滾，表面微微冒泡。

4. 靜置放涼，裝入擠花袋備用。

烘焙流程表

❶ 攪拌基發

詳 ★ 日式多拿茲麵團（P.49）
製作

❷ 分割滾圓

50g

❸ 中間發酵

20 分鐘（溫度 25~27°C / 濕度
85%）同時預熱油鍋，將油溫
預熱至 180°C

❹ 整形

詳閱內文

❺ 最後發酵

40 分鐘（溫度 25~27°C / 濕度
85%）

❻ 油炸熟製

油溫 180°C，炸 2 分鐘（每
20~30 秒翻面一次）

❼ 裝飾

詳閱內文（備妥卡士達餡、
細砂糖）

攪拌基發

1　麵團參考【烘焙流程表】
完成攪拌、基本發酵。

分割滾圓

2　參考【烘焙流程表】分割
麵團，滾圓，底部收緊輕
壓，麵團間距相等排入不
沾烤盤中。

中間發酵

3　參考【烘焙流程表】，將
麵團送入發酵箱發酵。

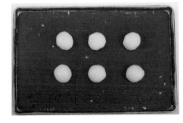

整形

4　重新滾圓，底部收緊，輕
輕拍開。

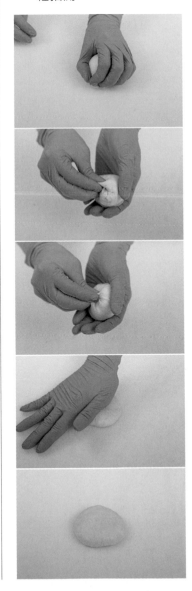

最後發酵

5　間距相等排入不沾烤盤，
參考【烘焙流程表】最後
發酵。

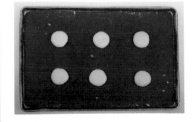

油炸熟製

6　放入預熱好的油炸油中，
參考【烘焙流程表】溫度
時間進行油炸。

Tips　麵團表面朝下依續投入油鍋，一
次約放 6~9 個，放入後立刻依
序翻面，計 30 秒。後續每 20
~30 秒翻面一次，避免上色過
深，共炸 2 分鐘。

裝飾

7　瀝乾油脂放涼，沾細砂糖
，擠花袋沿著側面找一個
點，插入麵團擠 30g 卡士
達餡。

Tips　多拿茲會油膩的原因大部分是
因為油溫不夠，麵團才會含油。
將油溫拉高即可解決此問題。

ACT 4
優格軟式麵包

★ 優格軟式麵團

材料

		%	g
A	法印法國粉	100	500
	鹽	2	10
B	★ 優格種	25	125
	（P.16）		
	蜂蜜	6	30
	水	62	310
C	新鮮酵母	3	15
D	無鹽奶油	6	30

攪拌

1　攪拌缸加入材料 A 乾性材料，倒入材料 B 濕性材料。

2　慢速攪拌 3~4 分鐘，攪拌至稍微成團，加入新鮮酵母，繼續攪拌至有麵筋出現。

3　確認麵團能拉出厚膜、破口呈鋸齒狀時（擴展狀態），加入無鹽奶油，慢速攪拌 3 分鐘，讓奶油與麵團大致結合。

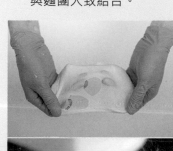

4　轉快速攪拌 2 分鐘，再慢速 1 分鐘，確認麵團薄膜透光，破口圓潤無鋸齒狀（完全擴展狀態），麵團終溫約 27℃，攪拌完成。

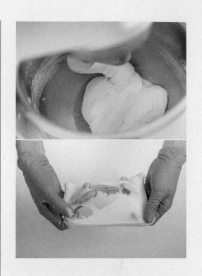

基本發酵

5　不沾烤盤噴上烤盤油（或刷任意油脂），取一端朝中心摺。

6　取另一端摺回，把麵團轉向放置，輕拍表面均一化（讓麵團發酵比較均勻），此為三摺一次。

7　放入透明盒子，再送入發酵箱發酵 60 分鐘（溫度 28~30℃ / 濕度 85%）。

NO.16
優格輕軟包

🧑‍🍳 烘焙流程表

❶ 攪拌基發

詳 ★ 優格軟式麵團（P.61）製作

❷ 分割滾圓

100g

❸ 中間發酵

50 分鐘（溫度 28~30°C / 濕度 85%）

❹ 整形

詳閱內文

❺ 最後發酵

40 分鐘（溫度 28~30°C / 濕度 85%）

❻ 烤前裝飾

詳閱內文（備妥軟化無鹽奶油）

❼ 入爐烘烤

上火 220 / 下火 180°C，噴 3 秒蒸氣，13~14 分鐘

攪拌基發

1　麵團參考【烘焙流程表】完成攪拌、基本發酵。

分割滾圓

2　參考【烘焙流程表】分割麵團，滾圓，底部收緊輕壓，麵團間距相等排入不沾烤盤中。

中間發酵

3　參考【烘焙流程表】，將麵團送入發酵箱發酵。

整形

4　麵團輕拍排氣，再以擀麵棍擀開。

5　翻面，底部壓薄，由前朝後摺起，整形成橄欖形。

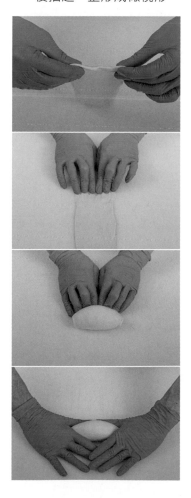

最後發酵

6　間距相等排入不沾烤盤，參考【烘焙流程表】最後發酵。

烤前裝飾

7　割 1 刀，擠上軟化的無鹽奶油。

入爐烘烤

8　送入預熱好的烤箱，參考【烘焙流程表】烘烤。

Tips 烘烤的溫度、時間僅供參考，需依烤箱不同微調數據。

NO.17
蒜蒜包

🥣 蒜醬

無鹽奶油	280g
動物性鮮奶油	100g
沙拉醬	40g
蒜泥	65g
起司粉	70g
乾燥洋香菜	適量

1. 無鹽奶油隔水加熱融化。

2. 所有材料一同拌勻。

🍳 烘焙流程表

❶ 攪拌基發

詳 ★ 優格軟式麵團（P.61）
製作

❷ 分割滾圓

80g

❸ 中間發酵

40 分鐘（溫度 28~30°C / 濕度
85%）

❹ 整形

詳閱內文

❺ 最後發酵

40 分鐘（溫度 28~30°C / 濕度
85%）

❻ 入爐烘烤

上火 230 / 下火 180°C，噴 3
秒蒸氣，烤 14 分鐘

❼ 烤後裝飾

詳閱內文（備妥市售原味乳
酪餡、蒜醬）

攪拌基發

1　麵團參考【烘焙流程表】
　　完成攪拌、基本發酵。

分割滾圓

2　參考【烘焙流程表】分割
　　麵團，滾圓，底部收緊輕
　　壓，麵團間距相等排入不
　　沾烤盤中。

中間發酵

3　參考【烘焙流程表】，將
　　麵團送入發酵箱發酵。

整形

4　依順時針方向重新滾圓，
　　底部收緊輕壓。

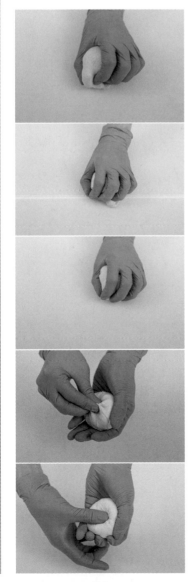

最後發酵

5　間距相等排入不沾烤盤，
　　參考【烘焙流程表】最後
　　發酵。

入爐烘烤

6　送入預熱好的烤箱，參考
　　【烘焙流程表】烘烤。

 Tips　烘烤的溫度、時間僅供參考，
　　　需依烤箱不同微調數據。

烤後裝飾

7　出爐重敲烤盤震出熱氣，
　　麵包靜置冷卻。

8　麵包切三刀（不切斷），
　　剝開擠市售原味乳酪餡，
　　中心再擠一次，共擠約 5
　　~10g。麵包表面抹蒜醬。

9　送入預熱好的烤箱，以上
　　火 180 / 下火 150°C，烤 5~8
　　分鐘，烤至表皮酥脆。

 蜂蜜烤肉醬

烤肉醬	100g
蜂蜜	20g

☞ 烤肉醬、蜂蜜一同拌
　匀，備用。

NO.18
醬燒起司圈

烘焙流程表

❶ 攪拌基發

詳 ★ 優格軟式麵團（P.61）
製作

❷ 分割滾圓

100g

❸ 中間發酵

40 分鐘（溫度 28~30℃ / 濕度
85%）

❹ 整形

詳閱內文（備妥起司片、全
蛋液、披薩絲）

❺ 最後發酵

30 分鐘（溫度 28~30℃ / 濕度
85%）

❻ 烤前裝飾

擠沙拉醬，撒黑胡椒粒

❼ 入爐烘烤

上火 220 / 下火 190℃，烤 12
分鐘

❽ 烤後裝飾

刷蜂蜜烤肉醬，撒海苔粉

攪拌基發

1　麵團參考【烘焙流程表】完成攪拌、基本發酵。

分割滾圓

2　參考【烘焙流程表】分割麵團，收整為長條形，間距相等排入不沾烤盤中。

中間發酵

3　參考【烘焙流程表】，將麵團送入發酵箱發酵。

> Tips　中間發酵好後，可以先放入冷藏室冰鎮 15~20 分鐘，較好整形。

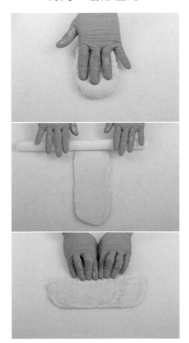

整形

4　輕拍排氣，以擀麵棍擀開，轉向，底部壓薄。

5　鋪起司片收摺捲起，搓約 20 公分長，頭尾再收摺成圓圈狀。

6　刷全蛋液，沾披薩絲。

最後發酵

7　間距相等排入不沾烤盤，參考【烘焙流程表】最後發酵。

烤前裝飾

8　擠沙拉醬，撒黑胡椒粒。

入爐烘烤

9　送入預熱好的烤箱，參考【烘焙流程表】烘烤。

> Tips　烘烤的溫度、時間僅供參考，需依烤箱不同微調數據。

烤後裝飾

10　出爐重敲烤盤震出熱氣，刷蜂蜜烤肉醬，最後撒上海苔粉。

NO.19
紅豆起司條

烘焙流程表

❶ 攪拌基發
詳 ★ 優格軟式麵團（P.61）
製作

❷ 分割滾圓
60g

❸ 中間發酵
40 分鐘（溫度 30℃ / 濕度
85%）

❹ 整形
詳閱內文（割 5 刀）

❺ 最後發酵
40 分鐘（溫度 28~30℃ / 濕度
85%）

❻ 入爐烘烤
上火 220 / 下火 190℃，噴 3
秒蒸氣，烤 12 分鐘

❼ 烤後裝飾
詳閱內文（備妥市售紅豆餡、
起司片、無鹽奶油片）

攪拌基發

1　麵團參考【烘焙流程表】
完成攪拌、基本發酵。

分割滾圓

2　參考【烘焙流程表】分割
麵團，滾圓，底部收緊輕
壓，麵團間距相等排入不
沾烤盤中。

中間發酵

3　參考【烘焙流程表】，將
麵團送入發酵箱發酵。

整形

4　輕拍排氣，以擀麵棍擀開
，底部壓薄。

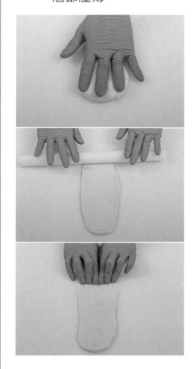

5　收摺捲起，整形成長條
狀，間距相等排入不沾烤
盤，割 5 刀。

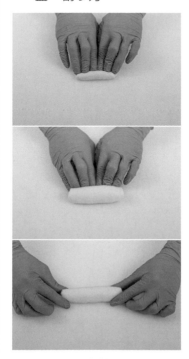

最後發酵

6　參考【烘焙流程表】最後
發酵。

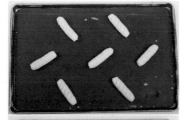

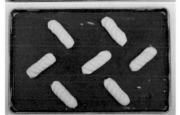

入爐烘烤

7　送入預熱好的烤箱，參考
【烘焙流程表】烘烤。

Tips 烘烤的溫度、時間僅供參考，
需依烤箱不同微調數據。

烤後裝飾

8　出爐重敲烤盤震出熱氣，
麵包放涼，從側面剖開，
擠紅豆餡，鋪起司片，夾
無鹽奶油片。

69

NO.20 冰心球

奶油餡

發酵奶油	300g
二砂糖	150g

1. 發酵奶油軟化至手指按壓可留下指痕之程度。
2. 鋼盆加入發酵奶油、二砂糖,以刮刀拌勻。

 Tips 拌至二砂糖與奶油均勻混合,不需拌至二砂糖融化。

🧑‍🍳 烘焙流程表

❶ 攪拌基發
詳 ★ 優格軟式麵團(P.61)製作

❷ 分割滾圓
60g

❸ 中間發酵
40 分鐘(溫度 28~30°C / 濕度 85%)

❹ 整形
詳閱內文

❺ 最後發酵
40 分鐘(溫度 28~30°C / 濕度 85%)

❻ 烤前裝飾
篩高筋麵粉,割 1 刀,擠軟化無鹽奶油

❼ 入爐烘烤
上火 220 / 下火 190°C,噴 3 秒蒸氣,烤 12 分鐘

❽ 烤後裝飾
詳閱內文(備妥奶油餡)

攪拌基發

1　麵團參考【烘焙流程表】完成攪拌、基本發酵。

分割滾圓

2　參考【烘焙流程表】分割麵團，滾圓，底部收緊輕壓，麵團間距相等排入不沾烤盤中。

中間發酵

3　參考【烘焙流程表】，將麵團送入發酵箱發酵。

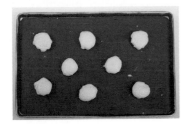

整形

4　輕拍排氣，拿起麵團，底部朝上放於掌心。

5　另一手用虎口將麵團朝中心收緊，收口處輕壓。

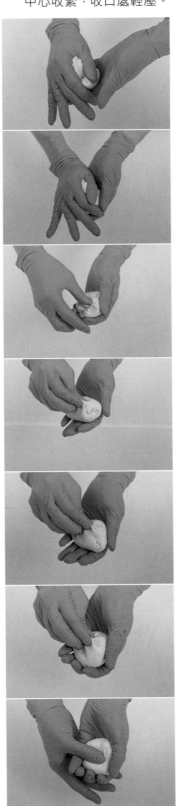

最後發酵

6　間距相等排入不沾烤盤，參考【烘焙流程表】最後發酵。

烤前裝飾

7　篩高筋麵粉，割 1 刀，擠軟化無鹽奶油。

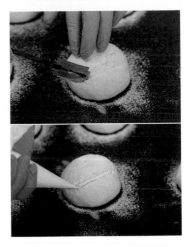

入爐烘烤

8　送入預熱好的烤箱，參考【烘焙流程表】烘烤。

 Tips 烘烤的溫度、時間僅供參考，需依烤箱不同微調數據。

烤後裝飾

9　出爐重敲烤盤震出熱氣，麵包放涼，從底部灌入 25g 奶油餡。

10　冰入冷藏約 20 分~30 分，即可食用。

ACT 5
居家吐司系列

★ 居家吐司麵團

材料

A		%	g
A	歌磨高筋麵粉	100	500
	上白糖	10	50
	鹽	2	10
	牛老大特級全脂奶粉	2	10
B	白美娜濃縮鮮乳	10	50
	鮮奶	20	100
	水	42	210
C	新鮮酵母	3	15
D	★ 鮮奶湯種（P.17）	20	100
E	無鹽奶油	10	50

攪拌

1 攪拌缸加入材料 A 乾性材料，倒入材料 B 濕性材料。

2 慢速攪拌 3~4 分鐘，攪拌至稍微成團，加入新鮮酵母，繼續攪拌至有麵筋出現，下鮮奶湯種繼續攪打。

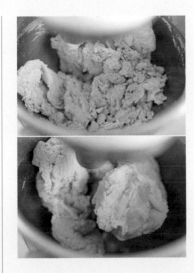

3 確認麵團能拉出厚膜、破口呈鋸齒狀時（擴展狀態），加入無鹽奶油，慢速攪拌 3 分鐘，讓奶油與麵團大致結合。

4 轉快速攪拌 2 分鐘，再慢速 1 分鐘，確認麵團薄膜透光，破口圓潤無鋸齒狀（完全擴展狀態），麵團終溫約 25℃，攪拌完成。

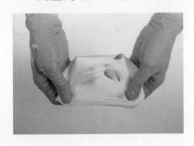

基本發酵

5 不沾烤盤噴上烤盤油（或刷任意油脂），取一端朝中心摺。

6 取另一端摺回，把麵團轉向放置，輕拍表面均一化（讓麵團發酵比較均勻），此為三摺一次。

7 放入透明盒子，再送入發酵箱發酵 40 分鐘（溫度 25~27℃ / 濕度 85%）。

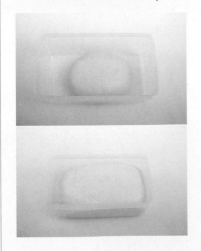

原味牛奶吐司

烘焙流程表

❶ 攪拌基發

詳 ★ 居家吐司麵團（P.73）製作

❷ 分割滾圓

240g

❸ 中間發酵

40 分鐘（溫度 28~30℃ / 濕度 85%）

❹ 整形

詳閱內文（備妥 SN2066 模具，450g）

❺ 最後發酵

40 分鐘（溫度 30℃ / 濕度 85%）

❻ 入爐烘烤

蓋上蓋子，上火 225 / 下火 220℃，25~27 分鐘

攪拌基發

1　麵團參考【烘焙流程表】完成攪拌、基本發酵。

分割滾圓

2　參考【烘焙流程表】分割麵團，滾圓，麵團間距相等排入不沾烤盤中。

中間發酵

3　參考【烘焙流程表】，將麵團送入發酵箱發酵。

整形

4　輕拍排氣，麵團長約 15 公分，轉向，兩端朝中心收摺（此為三摺一次），再次輕拍。

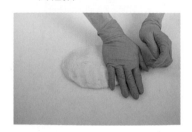

5　間距相等放入烤盤，室溫
　　鬆弛 20 分鐘。

6　麵團放直，以擀麵棍擀成
　　長條狀，翻面，底部壓薄。

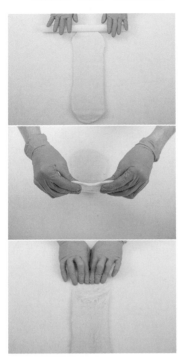

7　由上往下捲起（不需捲太
　　緊），2 顆一模放入模具。

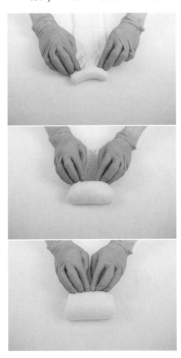

Tips　模具內需先噴薄薄一層烤盤
　　　油，幫助脫模。

最後發酵

8　間距相等排入不沾烤盤，
　　參考【烘焙流程表】最後
　　發酵。

入爐烘烤

9　蓋上蓋子，送入預熱好的
　　烤箱，參考【烘焙流程表】
　　烘烤。

Tips　烘烤的溫度、時間僅供參考，
　　　需依烤箱不同微調數據。

10　出爐重敲烤盤，震出熱氣
　　，拿起蓋子倒扣脫模。

菠蘿奶酥吐司

菠蘿皮

無水奶油	150g
糖粉（過篩）	100g
全蛋液	60g

1. 無水奶油軟化至手指按壓可以留下指痕之程度。

2. 鋼盆加入無水奶油、糖粉拌勻。

3. 分次加入全蛋拌勻。

4. 使用前將作法 3 菠蘿皮與高筋或低筋麵粉 330g（配方外）一同拌勻，分割 35g。

奶酥餡

無鹽奶油	280g
糖粉（過篩）	125g
鹽	3g
牛老大特級全脂奶粉（過篩）	280g
玉米澱粉（過篩）	40g
全蛋液	75g

1. 無鹽奶油軟化至手指按壓可以留下指痕之程度。

2. 鋼盆加入無鹽奶油、糖粉拌勻。

3. 分次加入全蛋液拌勻，避免油水分離。

4. 加入鹽、牛老大特級全脂奶粉、玉米澱粉拌勻。

🍳 烘焙流程表

❶ 攪拌基發

詳 ★ 居家吐司麵團（P.73）製作

❷ 分割滾圓

240g

❸ 中間發酵

30 分鐘（溫度 28~30℃ / 濕度 85%）

❹ 整形

詳閱內文（備妥 SN2151 模具，備妥奶酥餡、全蛋液、菠蘿皮）

❺ 最後發酵

80 分鐘（溫度 25~28℃ / 濕度 85%）

❻ 烤前裝飾

刷蛋黃液

❼ 入爐烘烤

上火 180 / 下火 210℃，20 分鐘

攪拌基發

1 麵團參考【烘焙流程表】完成至攪拌、基本發酵。

分割滾圓

2 參考【烘焙流程表】分割麵團，滾圓，底部收緊輕壓，麵團間距相等排入不沾烤盤中。

中間發酵

3 參考【烘焙流程表】，將麵團送入發酵箱發酵。

整形

4 輕拍排氣，麵團長約 15 公分，轉向，兩端朝中心收摺（此為三摺一次），再次輕拍。

5 間距相等放入烤盤，室溫鬆弛 30 分鐘。

6 麵團放直，以擀麵棍擀成長條狀，翻面，底部壓薄。

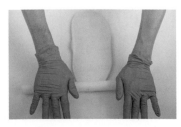

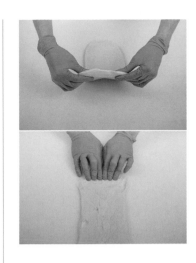

7 抹奶酥餡（底部預留五分之一不抹餡），由上往下捲起（不需捲太緊），麵團表面刷全蛋液。

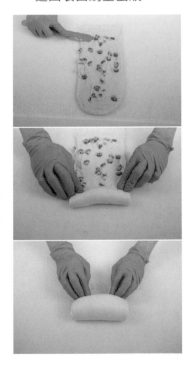

8 分割好的菠蘿皮沾粉，搓至與麵團長度一致，擀開，以鋼刀鏟起放於麵團表面，放入吐司模。

Tips 模具內需先噴薄薄一層烤盤油，幫助脫模。

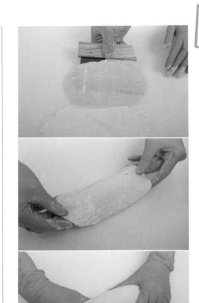

最後發酵

9 間距相等排入不沾烤盤，參考【烘焙流程表】最後發酵。

烤前裝飾

10 刷蛋黃液。

入爐烘烤

11 送入預熱好的烤箱，參考【烘焙流程表】烘烤。

Tips 烘烤的溫度、時間僅供參考，需依烤箱不同微調數據。

材料 | % | g
★ 居家吐司麵團 | - | -
生黑芝麻 | 3 | 15

蛋黃皮	g
蛋黃液	81
糖粉（過篩）	36
無鹽奶油	94
低筋麵粉	63

1. 無鹽奶油軟化至手指按壓可留下指痕之程度。
2. 鋼盆加入無鹽奶油、糖粉拌勻。
3. 分次加入蛋黃液拌勻。
4. 加入低筋麵粉切拌均勻。

烘焙流程表

❶ 攪拌基發

詳 ★ 居家吐司麵團（P.73）與本產品內文製作。基本發酵 40 分鐘（溫度 25~27℃/ 濕度 85%）

❷ 分割滾圓

80g

❸ 中間發酵

30 分鐘（溫度 30℃ / 濕度 85%）

❹ 整形

詳閱內文（備妥 SN2151 模具，備妥耐烤乳酪丁）

❺ 最後發酵

45 分鐘（溫度 28~30℃ / 濕度 85%）

❻ 烤前裝飾

詳閱內文（備妥耐烤乳酪丁、蛋黃皮）

❼ 入爐烘烤

上火 180 / 下火 160℃，25~28 分鐘

❽ 烤後裝飾

篩防潮糖粉

乾乳酪起司
吐司

攪拌基發

1　麵團參考【烘焙流程表】完成至攪拌作法 4，加入生黑芝麻，慢速打至材料均勻散入麵團中，進行基本發酵。

分割滾圓

2　參考【烘焙流程表】分割麵團，滾圓，底部收緊輕壓，麵團間距相等排入不沾烤盤中。

中間發酵

3　參考【烘焙流程表】，將麵團送入發酵箱發酵。

整形

4　輕拍排氣，以擀麵棍擀開，翻面，底部壓薄，鋪 20g 耐烤乳酪丁，捲起搓長。

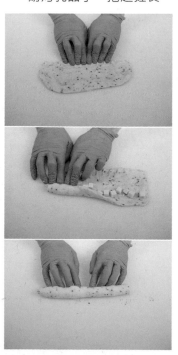

5　參考下圖打三股辮（不要打太緊，避免發酵後中心膨起），放入吐司模。

最後發酵

6　間距相等排入不沾烤盤，參考【烘焙流程表】最後發酵。

烤前裝飾

7　撒耐烤乳酪丁，擠蛋黃皮。

入爐烘烤

8　送入預熱好的烤箱，參考【烘焙流程表】烘烤。

 Tips 烘烤的溫度、時間僅供參考，需依烤箱不同微調數據。

烤後裝飾

9　出爐重敲烤盤震出熱氣，倒扣脫模，放涼後篩防潮糖粉。

材料

	%	g
★ 居家吐司麵團	-	-
燙熟花椰菜	20	100

☞ 花椰菜洗淨切小朵，以滾水燙熟，撈起瀝乾水分，再用廚房紙巾將多餘水分壓乾。

🧑‍🍳 烘焙流程表

❶ 攪拌基發

詳 ★ 居家吐司麵團（P.X）與本產品內文製作。基本發酵 40 分鐘（溫度 25~27℃ / 濕度 85%）

❷ 分割滾圓

40g

❸ 中間發酵

30 分鐘（溫度 30℃ / 濕度 85%）

❹ 整形

詳閱內文（備妥 SN2151 模具）

❺ 最後發酵

40 分鐘（溫度 28~30℃ / 濕度 85%）

❻ 烤前裝飾

撒乳酪絲

❼ 入爐烘烤

上火 170 / 下火 190℃，25 分鐘

❽ 烤後裝飾

撒海苔粉

NO.24
花椰菜蔬果吐司

攪拌基發

1 麵團參考【烘焙流程表】完成至攪拌作法 4。麵團放至桌面，鋪上燙熟花椰菜摺起。

2 切「十字」，四邊各切 4 刀拉出麵團，再收入中心，重複此動作約 2~3 次，讓材料均勻散入麵團中，參考【烘焙流程表】進行基本發酵。

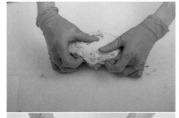

分割滾圓

3 參考【烘焙流程表】分割麵團，滾圓，底部收緊輕壓，麵團間距相等排入不沾烤盤中。

中間發酵

4 參考【烘焙流程表】，將麵團送入發酵箱發酵。

整形

5 重新滾圓，底部收緊輕壓，三個一組放入吐司模。

 模具內需先噴薄薄一層烤盤油，幫助脫模。

最後發酵

6 間距相等排入不沾烤盤，參考【烘焙流程表】最後發酵。

烤前裝飾

7 撒乳酪絲。

入爐烘烤

8 送入預熱好的烤箱，參考【烘焙流程表】烘烤。

 烘烤的溫度、時間僅供參考，需依烤箱不同微調數據。

烤後裝飾

9 出爐重敲烤盤震出熱氣，倒扣脫模，放涼後撒上海苔粉。

洛神花小吐司

材料

	%	g
★ 居家吐司麵團	-	-
麥之田洛神花片	10	50

墨西哥醬

	g
無鹽奶油	100
糖粉（過篩）	90
全蛋液	100
低筋麵粉（過篩）	110

1. 無鹽奶油軟化至手指按壓可留下指痕之程度。
2. 鋼盆加入無鹽奶油、糖粉拌勻。
3. 分次加入全蛋液拌勻。
4. 加入低筋麵粉切拌均勻，裝入擠花袋中備用。

烘焙流程表

❶ 攪拌基發

詳 ★ 居家吐司麵團（P.73）與本產品內文製作。基本發酵 40 分鐘（溫度 25~27℃ / 濕度 85%）

❷ 分割滾圓

40g

❸ 中間發酵

30 分鐘（溫度 30℃ / 濕度 85%）

❹ 整形

詳閱內文（備妥 SN2151 模具）

❺ 最後發酵

40 分鐘（溫度 28~30℃ / 濕度 85%）

❻ 烤前裝飾

詳閱內文（備妥墨西哥醬、麥之田洛神花片）

❼ 入爐烘烤

上火 170 / 下火 160℃，8 分鐘

❽ 烤後裝飾

詳閱內文（備妥防潮糖粉、開心果碎）

攪拌基發

1 麵團參考【烘焙流程表】完成至攪拌作法 4。麵團放至桌面，鋪上洛神花片摺起成長條，轉向底部壓薄，收摺成團狀。

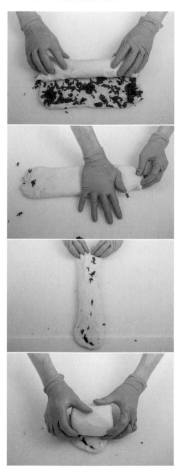

2 切「十字」，四邊各切 4 刀拉出麵團，再收入中心，重複此動作約 2~3 次，讓材料均勻散入麵團中，參考【烘焙流程表】進行基本發酵。

分割滾圓

3 參考【烘焙流程表】分割麵團，滾圓，底部收緊輕壓，麵團間距相等排入不沾烤盤中。

中間發酵

4 參考【烘焙流程表】，將麵團送入發酵箱發酵。

整形

5 重新滾圓，底部收緊輕壓，三個一組放入吐司模。

Tips 模具內需先噴薄薄一層烤盤油，幫助脫模。

最後發酵

6 間距相等排入不沾烤盤，參考【烘焙流程表】最後發酵。

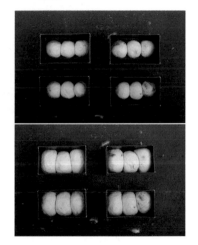

烤前裝飾

7 擠 5g 墨西哥醬，撒麥之田洛神花片。

入爐烘烤

8 送入預熱好的烤箱，參考【烘焙流程表】烘烤。

Tips 烘烤的溫度、時間僅供參考，需依烤箱不同微調數據。

烤後裝飾

9 出爐重敲烤盤震出熱氣，倒扣脫模，放涼後隔著刮板篩防潮糖粉，撒開心果碎。

NO.26
可可蔓越莓
吐司

材料

		%	g
A	哥磨高筋麵粉	100	500
	可可粉	3	15
	細砂糖	14	70
	鹽	1.4	7
B	新鮮酵母	3	15
C	全蛋	10	50
	鮮奶	10	50
	水	50	250
	★ 法國老麵	20	100
	（P.17）		
D	無鹽奶油	30	150
E	水滴巧克力豆	12	60
	蔓越莓乾	24	120
	蘭姆酒	4	20

Tips 材料 E 的蔓越莓乾、蘭姆酒可先於製作前一晚一同浸泡，泡約 8~12 小時。

🍳 烘焙流程表

❶ 攪拌

詳閱內文

❷ 基本發酵

60 分鐘（溫度 32°C / 濕度 75%）

❸ 分割滾圓

130g

❹ 中間發酵

30 分鐘（溫度 32°C / 濕度 75%）

❺ 整形

詳閱內文（備妥 SN2120 模具，450g）

❻ 最後發酵

70~80 分鐘（溫度 32°C / 濕度 75%）

❼ 烤前裝飾

刷全蛋液

❽ 入爐烘烤

上火 170 / 下火 200°C，27~32 分鐘

攪拌

1　攪拌缸加入材料 A 乾性材料、材料 B 新鮮酵母、材料 C 濕性材料。

2　慢速攪拌 5 分鐘，轉中速 2 分鐘。

3　確認麵團能拉出厚膜、破口呈鋸齒狀時（擴展狀態），加入無鹽奶油，慢速攪拌 3 分鐘，讓奶油與麵團大致結合。

4　轉中速攪拌 3~4 分鐘，下材料 E 慢速 1 分鐘，打至材料均勻散入麵團，確認麵團薄膜透光，破口圓潤無鋸齒狀（完全擴展狀態），麵團終溫約 26°C，攪拌完成。

基本發酵

5　不沾烤盤噴上烤盤油（或刷任意油脂），取一端朝中心摺。

6　取另一端摺回，把麵團轉向放置，輕拍表面均一化（讓麵團發酵比較均勻），此為三摺一次。

7　送入發酵箱參考【烘焙流程表】發酵。

Tips 發酵後麵團撒適量高筋麵粉（手粉），手指也沾適量，戳入麵團，指痕不回縮即是發酵完成。

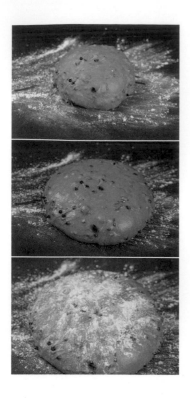

中間發酵

9　參考【烘焙流程表】，將
　　麵團送入發酵箱發酵。

整形

10　重新滾圓，底部收緊輕壓，
　　兩個一組放入吐司模。

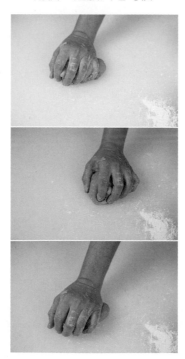

分割滾圓

8　參考【烘焙流程表】分割
　　麵團，滾圓，底部收緊輕
　　壓，麵團間距相等排入不
　　沾烤盤中。

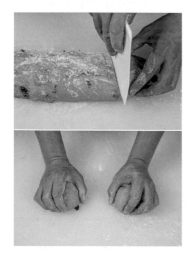

Tips　模具內需先噴薄薄一層烤盤油
　　　，幫助脫模。

最後發酵

11　間距相等排入不沾烤盤，
　　參考【烘焙流程表】最後
　　發酵。

烤前裝飾

12　刷全蛋液。

入爐烘烤

13　送入預熱好的烤箱，參考
　　【烘焙流程表】烘烤。

 烘烤的溫度、時間僅供參考，
需依烤箱不同微調數據。

ACT 6
軟歐麵包

材料

		%	g
A	純芯高筋麵粉	100	500
	抹茶粉	3	15
	細砂糖	15	75
	鹽	1	5
B	新鮮酵母	3	15
C	全蛋	10	50
	鮮奶	20	100
	水	37	185
	★ 法國老麵（P.17）	20	100
D	無鹽奶油	10	50
E	蔓越莓乾	20	100

抹茶墨西哥餡

	g
無鹽奶油	100
細砂糖	100
全蛋	100
低筋麵粉	90
抹茶粉	10

1. 鍋子加入無鹽奶油中火加熱融解。
2. 鋼盆加入所有材料拌勻，放涼。
3. 裝入擠花袋備用。

紅豆餡

	g
生紅豆	300
冰糖	30
蜂蜜	90
無鹽奶油	70
動物性鮮奶油	100

1. 生紅豆洗淨泡入冷水中，泡約 8~12 小時。
2. 準備一鍋滾水煮軟生紅豆，瀝乾水分，將全部材料加入，中火煮到收汁後，平鋪於烤盤上冷卻。

> Tips 抹茶墨西哥餡與紅豆餡，冷藏保存，建議 2 天內使用完畢。

🧑‍🍳 烘焙流程表

❶ **攪拌**
詳閱內文

❷ **基本發酵**
50 分鐘（溫度 32°C / 濕度 75%）

❸ **分割滾圓**
170g

❹ **中間發酵**
30 分鐘（溫度 32°C / 濕度 75%）

❺ **整形**
詳閱內文（備妥紅豆餡）

❻ **最後發酵**
40~50 分鐘（溫度 32°C / 濕度 75%）

❼ **烤前裝飾**
詳閱內文（備妥抹茶墨西哥餡、生白芝麻）

❽ **入爐烘烤**
上火 210 / 下火 150°C，13 分鐘

攪拌

1　攪拌缸加入材料 A 乾性材料、材料 B 新鮮酵母、材料 C 濕性材料。

2　慢速攪拌 5 分鐘，轉中速 2 分鐘。

3　確認麵團能拉出厚膜、破口呈鋸齒狀時（擴展狀態），加入無鹽奶油，慢速攪拌 3 分鐘，讓奶油與麵團大致結合。

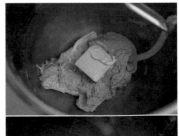

4　轉中速攪拌 3~4 分鐘，下
　　蔓越莓乾慢速 1 分鐘，打
　　至材料均勻散入麵團，確
　　認麵團薄膜透光，破口圓
　　潤無鋸齒狀（完全擴展狀
　　態），麵團終溫約 25℃，
　　攪拌完成。

基本發酵

5　不沾烤盤噴上烤盤油（或
　　刷任意油脂），取一端朝
　　中心摺。

6　取另一端摺回，把麵團轉
　　向放置，輕拍表面均一化
　　（讓麵團發酵比較均勻），
　　此為三摺一次。

7　送入發酵箱參考【烘焙流
　　程表】發酵。

Tips 發酵後麵團撒適量高筋麵粉（手
　　　粉），手指也沾適量，戳入麵
　　　團，指痕不回縮即是發酵完成。

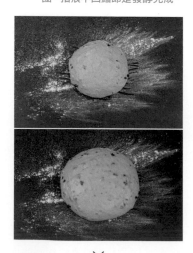

分割滾圓

8　參考【烘焙流程表】分割
　　麵團，輕輕拍開，收摺成
　　橄欖形，麵團間距相等排
　　入不沾烤盤中。

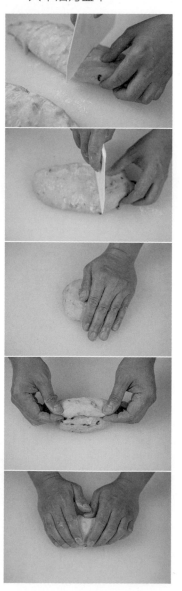

中間發酵

9　參考【烘焙流程表】，將
　　麵團送入發酵箱發酵。

整形

10　輕拍排氣，以擀麵棍擀開，
　　　翻面，將麵團四邊往外拉，
　　　大致整形成長方形。

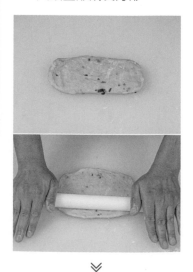

11　抹 50g 紅豆餡，收摺成長條，收口處捏緊，搓長約 30 公分，間距相等排入不沾烤盤，繞成半月形。

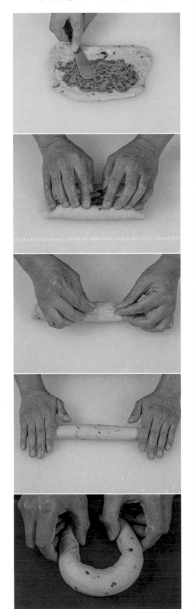

最後發酵

12　參考【烘焙流程表】最後發酵。

烤前裝飾

13　擠 30g 抹茶墨西哥餡，撒 1g 生白芝麻。

入爐烘烤

14　送入預熱好的烤箱，參考【烘焙流程表】烘烤。

Tips　烘烤的溫度、時間僅供參考，需依烤箱不同微調數據。

93

NO.28

青醬燻雞

材料

		%	g
A	純芯高筋麵粉	100	500
	細砂糖	6	30
	鹽	1.8	9
	牛老大特級全脂奶粉	3	15
B	新鮮酵母	3	15
C	★ 青醬	8	40
	水	60	300
	★ 法國老麵（P.17）	20	100
D	無鹽奶油	8	40

青醬

	g
九層塔	70
帕瑪森起司粉	50
烤過松子	50
蒜瓣	15
鹽	3
黑胡椒粉	1
橄欖油	120

1. 九層塔洗淨涼乾。
2. 全部材料用調理機打碎成泥，完成。

Tips 冷藏保存，建議 5 天內使用完畢。

燻雞肉餡

	g
燻雞肉絲	200
高溶點乳酪丁	100
細黑胡椒粉	1

☞ 所有材料混合均勻，完成。

Tips 冷藏保存，建議 3 天內使用完畢。

烘焙流程表

❶ 攪拌

詳閱內文（備妥青醬）

❷ 基本發酵

50 分鐘（溫度 32˚C / 濕度 75%）

❸ 分割滾圓

200g

❹ 中間發酵

30 分鐘（溫度 32˚C / 濕度 75%）

❺ 整形

詳閱內文（備妥青醬、燻雞肉餡、生白芝麻）

❻ 最後發酵

40~50 分鐘（溫度 32˚C / 濕度 75%）

❼ 烤前裝飾

割 4 刀

❽ 入爐烘烤

上火 210 / 下火 160˚C，噴 3 秒蒸氣，15 分鐘

攪拌

1　攪拌缸加入材料 A 乾性材料、材料 B 新鮮酵母、材料 C 濕性材料。

2　慢速攪拌 5 分鐘，轉中速 2 分鐘。

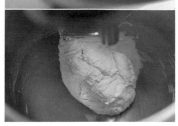

3　確認麵團能拉出厚膜、破口呈鋸齒狀時（擴展狀態），加入無鹽奶油，慢速攪拌 3 分鐘，讓奶油與麵團大致結合。

4　轉中速攪拌 3~4 分鐘，確認麵團薄膜透光，破口圓潤無鋸齒狀（完全擴展狀態），麵團終溫約 25˚C，攪拌完成。

基本發酵

5　不沾烤盤噴上烤盤油（或刷任意油脂），取一端朝中心摺。

6　取另一端摺回，把麵團轉向放置，輕拍表面均一化（讓麵團發酵比較均勻），此為三摺一次。

7　送入發酵箱參考【烘焙流程表】發酵。

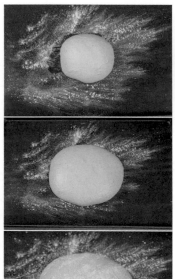

Tips 發酵後麵團撒適量高筋麵粉（手粉），手指也沾適量，戳入麵團，指痕不回縮即是發酵完成。

分割滾圓

8　參考【烘焙流程表】分割麵團，輕輕拍開，收摺成圓形，麵團間距相等排入不沾烤盤中。

中間發酵

9　參考【烘焙流程表】，將麵團送入發酵箱發酵。

整形

10　輕拍排氣，以擀麵棍擀開，翻面，底部壓薄。

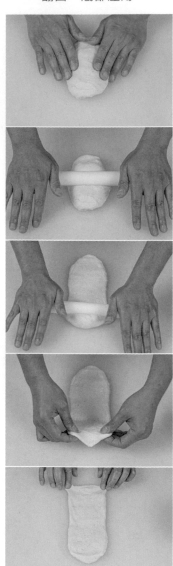

11　於 2/3 處抹上 5g 青醬，鋪50g 燻雞肉餡，收摺成長條，收口處捏緊。

12 間距相等排入不沾烤盤，噴水，沾生白芝麻。

13 參考【烘焙流程表】最後發酵。

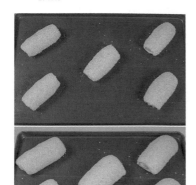

烤前裝飾

14 割4刀。

入爐烘烤

15 送入預熱好的烤箱，參考【烘焙流程表】烘烤。

Tips 烘烤的溫度、時間僅供參考，需依烤箱不同微調數據。

NO.29
芒芒噠

材料

		%	g
A	純芯高筋麵粉	100	500
	細砂糖	7	35
	鹽	1	5
	牛老大特級全脂奶粉	3	15
B	新鮮酵母	3	15
C	寶茸芒果果泥	20	100
	水	45	225
	★ 法國老麵（P.17）	20	100
D	無鹽奶油	8	40
	熟黑芝麻	2	10

芒果乳酪餡

	g
LUXE 乳酪	500
寶茸芒果果泥	50
芒果乾丁	250

☞ 所有材料拌勻。

Tips 冷藏保存，建議 5 天內使用完畢。

🍳 烘焙流程表

❶ 攪拌

詳閱內文

❷ 基本發酵

50 分鐘（溫度 32°C／濕度 75%）

❸ 分割滾圓

70g

❹ 中間發酵

30 分鐘（溫度 32°C／濕度 75%）

❺ 整形

詳閱內文（備妥長 15× 寬 8× 高 5 公分矽膠模、芒果乳酪餡）

❻ 最後發酵

40~50 分鐘（溫度 32°C／濕度 75%）

❼ 烤前裝飾

篩高筋麵粉

❽ 入爐烘烤

上火 170／下火 180°C，噴 3 秒蒸氣，18 分鐘

1 攪拌缸加入材料 A 乾性材料、材料 B 新鮮酵母、材料 C 濕性材料。

2 慢速攪拌 5 分鐘，轉中速 2 分鐘。

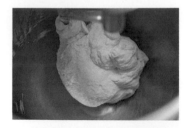

3 確認麵團能拉出厚膜、破口呈鋸齒狀時（擴展狀態），加入材料 D，慢速攪拌 3 分鐘，讓奶油與麵團大致結合。

4 轉中速攪拌 3~4 分鐘，確認麵團薄膜透光，破口圓潤無鋸齒狀（完全擴展狀態），麵團終溫約 25℃，攪拌完成。

5 不沾烤盤噴上烤盤油（或刷任意油脂），取一端朝中心摺。

6 取另一端摺回，把麵團轉向放置，輕拍表面均一化（讓麵團發酵比較均勻），此為三摺一次。

7 送入發酵箱參考【烘焙流程表】發酵。

Tips 發酵後麵團撒適量高筋麵粉（手粉），手指也沾適量，戳入麵團，指痕不回縮即是發酵完成。

8 參考【烘焙流程表】分割麵團，滾圓，間距相等排入不沾烤盤中。

9 參考【烘焙流程表】，將麵團送入發酵箱發酵。

10 輕拍排氣，以擀麵棍擀開，翻面，底部壓薄。

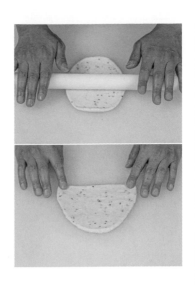

11 於 1/2 處抹上 40g 芒果乳酪餡，收摺成條狀，搓長約 18 公分。

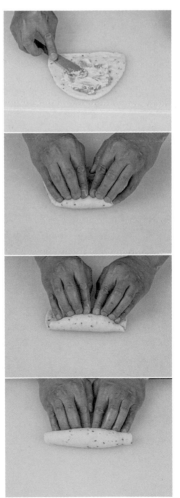

12 兩條麵團交叉打辮子，矽膠模噴烤盤油，放入整形好的麵團。

最後發酵

13 間距相等排入不沾烤盤，參考【烘焙流程表】最後發酵。

烤前裝飾

14 篩高筋麵粉。

入爐烘烤

15 送入預熱好的烤箱，參考【烘焙流程表】烘烤。

Tips 烘烤的溫度、時間僅供參考，需依烤箱不同微調數據。

NO.30 全麥威尼斯

材料

		%	g
A	純芯高筋麵粉	80	400
	全麥粉	20	100
	熟胚芽粉	5	25
	細砂糖	10	50
	鹽	1.2	6
B	新鮮酵母	3	15
C	鮮奶	10	50
	水	60	300
	★ 法國老麵（P.17）	10	50
D	無鹽奶油	8	40
E	蔓越莓乾	30	150

杏仁霜

	g
杏仁粉（過篩）	50
純糖粉（過篩）	50
杏仁碎	250
蛋白	270

☞ 使用前再把全部材料拌勻。

Tips 冷藏保存，建議 2 天內使用完畢。

烘焙流程表

❶ 攪拌

詳閱內文

❷ 基本發酵

50 分鐘（溫度 32℃ / 濕度 75%）

❸ 分割滾圓

200g

❹ 中間發酵

30 分鐘（溫度 32℃ / 濕度 75%）

❺ 整形

詳閱內文

❻ 最後發酵

40~50 分鐘（溫度 32℃ / 濕度 75%）

❼ 烤前裝飾

抹杏仁霜，篩純糖粉

❽ 入爐烘烤

上火 210 / 下火 150℃，16 分鐘

攪拌

1. 攪拌缸加入材料 A 乾性材料、材料 B 新鮮酵母、材料 C 濕性材料。

2. 慢速攪拌 5 分鐘，轉中速 2 分鐘。

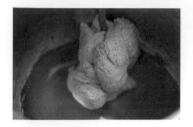

3. 確認麵團能拉出厚膜、破口呈鋸齒狀時（擴展狀態），加入無鹽奶油，慢速攪拌 3 分鐘，讓奶油與麵團大致結合。

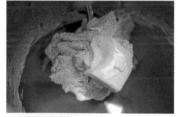

4. 轉中速攪拌 3~4 分鐘，確認麵團薄膜透光，破口圓潤無鋸齒狀（完全擴展狀態），下蔓越莓乾慢速攪打 1 分鐘，打至材料均勻散入麵團，麵團終溫約 25℃，攪拌完成。

基本發酵

5. 不沾烤盤噴上烤盤油（或刷任意油脂），取一端朝中心摺。

6. 取另一端摺回，把麵團轉向放置，輕拍表面均一化（讓麵團發酵比較均勻），此為三摺一次。

7. 送入發酵箱參考【烘焙流程表】發酵。

> Tips 發酵後麵團撒適量高筋麵粉（手粉），手指也沾適量，戳入麵團，指痕不回縮即是發酵完成。

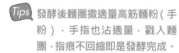

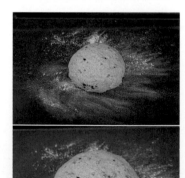

分割滾圓

8. 參考【烘焙流程表】分割麵團，滾圓，麵團間距相等排入不沾烤盤中。

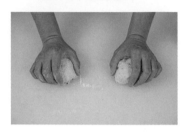

中間發酵

9. 參考【烘焙流程表】，將麵團送入發酵箱發酵。

整形

10. 輕拍排氣，麵團收摺成橄欖形。

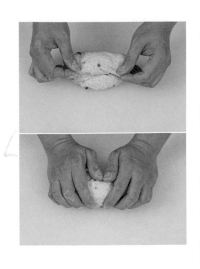

11 轉向輕輕拍開，以擀麵棍擀開。

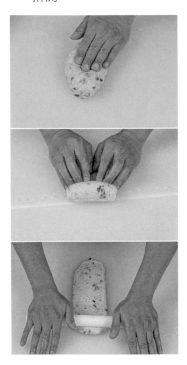

12 翻面底部壓薄，收摺成長條狀，搓長約 12 公分。

最後發酵

13 間距相等排入不沾烤盤，參考【烘焙流程表】最後發酵。

烤前裝飾

14 抹杏仁霜，篩純糖粉。

入爐烘烤

15 送入預熱好的烤箱，參考【烘焙流程表】烘烤。

Tips 烘烤的溫度、時間僅供參考，需依烤箱不同微調數據。

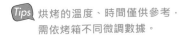

NO.31 全麥香腸

材料

		%	g
A	哥磨高筋麵粉	80	400
	全麥粉	20	100
	熟胚芽粉	5	25
	細砂糖	10	50
	鹽	1.2	6
B	新鮮酵母	3	15
C	鮮奶	10	50
	水	60	300
	★ 法國老麵（P.17）	10	50
D	無鹽奶油	8	40
E	蔓越莓乾	30	150

烘焙流程表

❶ 攪拌

詳閱內文

❷ 基本發酵

50 分鐘（溫度 32˚C / 濕度 75%）

❸ 分割滾圓

100g

❹ 中間發酵

30 分鐘（溫度 32˚C / 濕度 75%）

❺ 整形

詳閱內文

❻ 最後發酵

40 分鐘（溫度 32˚C / 濕度 75%）

❼ 烤前裝飾

刷全蛋液，中間壓入一根德式香腸，撒乳酪絲

❽ 入爐烘烤

上火 230 / 下火 150˚C，10~12 分鐘

攪拌

1. 攪拌缸加入材料 A 乾性材料、材料 B 新鮮酵母、材料 C 濕性材料。

2. 慢速攪拌 4 分鐘，轉中速 2 分鐘。

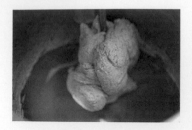

3. 確認麵團能拉出厚膜、破口呈鋸齒狀時（擴展狀態），加入無鹽奶油，慢速攪拌 3 分鐘，讓奶油與麵團大致結合。

4. 轉中速攪拌 3~4 分鐘，確認麵團薄膜透光，破口圓潤無鋸齒狀（完全擴展狀態），下蔓越莓乾慢速攪打 1 分鐘，打至材料均勻散入麵團，麵團終溫約 25°C，攪拌完成。

基本發酵

5. 不沾烤盤噴上烤盤油（或刷任意油脂），取一端朝中心摺。

6. 取另一端摺回，把麵團轉向放置，輕拍表面均一化（讓麵團發酵比較均勻），此為三摺一次。

7. 送入發酵箱參考【烘焙流程表】發酵。

> **Tips** 發酵後麵團撒適量高筋麵粉（手粉），手指也沾適量，戳入麵團，指痕不回縮即是發酵完成。

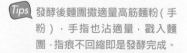

分割滾圓

8. 參考【烘焙流程表】分割麵團，滾圓，麵團間距相等排入不沾烤盤中。

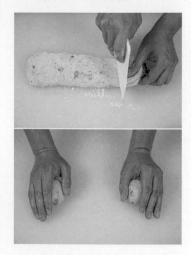

中間發酵

9. 參考【烘焙流程表】，將麵團送入發酵箱發酵。

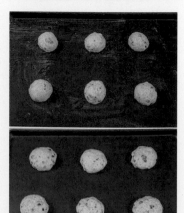

整形

10　麵團搓成長條狀，轉向，輕輕拍開。

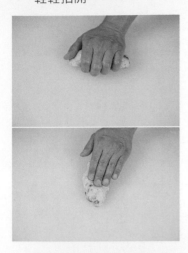

11　以擀麵棍擀長約 20 公分。

12　間距相等排入不沾烤盤。

烤前裝飾

14　刷全蛋液，中間壓入一根德式香腸，撒 10g 乳酪絲。

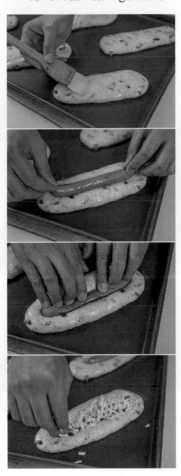

入爐烘烤

15　送入預熱好的烤箱，參考【烘焙流程表】烘烤。

 烘烤的溫度、時間僅供參考，需依烤箱不同微調數據。

最後發酵

13　參考【烘焙流程表】最後發酵。

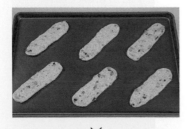

≫

NO.32

塞納左岸

奶酥餡　　　　　　　g

A	無鹽奶油	250
	糖粉	150
	鹽	2
B	全蛋液	50
C	牛老大特級全脂奶粉	250
	水滴黑巧克力豆	50

1. 材料 A 一同打發，打至出現白色絨毛狀。
2. 分三次加入全蛋液拌勻，避免一次加入油水分離。
3. 加入材料 C 拌勻，完成。

Tips 冷藏保存，建議 5 天內使用完畢。

材料

		%	g
A	純芯高筋麵粉	100	500
	即溶咖啡粉	1.4	7
	細砂糖	12	60
	鹽	1	5
B	新鮮酵母	3	15
C	鮮奶	10	50
	水	40	200
	★湯種（P.16）	20	100
	全蛋	10	50
D	無鹽奶油	8	40

咖啡杏仁皮　　　　　g

	無鹽奶油	100
	細砂糖	100
	即溶咖啡粉	7
	水	20
	全蛋液	100
	杏仁粉	50
	低筋麵粉	50

1. 即溶咖啡粉、水預先混勻。
2. 無鹽奶油中火加熱融解，全部材料混合均勻。

Tips 冷藏保存，建議 3 天內使用完畢。

烘焙流程表

❶ 攪拌

詳閱內文

❷ 基本發酵

50 分鐘（溫度 32℃ / 濕度 75%）

❸ 分割滾圓

100g

❹ 中間發酵

30 分鐘（溫度 32℃ / 濕度 75%）

❺ 整形

詳閱內文（備妥奶酥餡）

❻ 最後發酵

50 分鐘（溫度 32℃ / 濕度 75%）

❼ 烤前裝飾

擠咖啡杏仁皮

❽ 入爐烘烤

上火 210 / 下火 150℃，烘烤 15 分鐘

❾ 烤後裝飾

篩防潮可可粉

攪拌

1　攪拌缸加入材料 A 乾性材料、材料 B 新鮮酵母、材料 C 濕性材料。

2　慢速攪拌 5 分鐘，轉中速 2 分鐘。

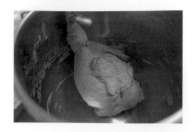

3　確認麵團能拉出厚膜、破口呈鋸齒狀時（擴展狀態），加入無鹽奶油，慢速攪拌 3 分鐘，讓奶油與麵團大致結合。

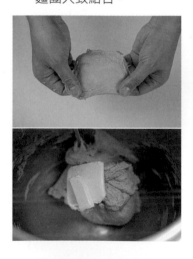

4　轉中速攪拌 3~4 分鐘，確認麵團薄膜透光，破口圓潤無鋸齒狀（完全擴展狀態），麵團終溫約 25°C，攪拌完成。

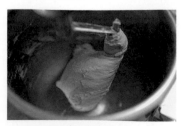

5　不沾烤盤噴上烤盤油（或刷任意油脂），取一端朝中心摺。

6　取另一端摺回，把麵團轉向放置，輕拍表面均一化（讓麵團發酵比較均勻），此為三摺一次。

7　送入發酵箱參考【烘焙流程表】發酵。

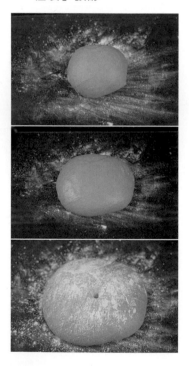

Tips 發酵後麵團撒適量高筋麵粉（手粉），手指也沾適量，戳入麵團，指痕不回縮即是發酵完成。

分割滾圓

8　參考【烘焙流程表】分割麵團，滾圓，麵團間距相等排入不沾烤盤中。

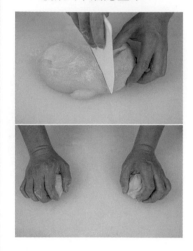

中間發酵

9　參考【烘焙流程表】，將麵團送入發酵箱發酵。

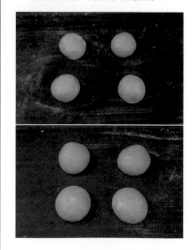

整形

10　輕拍排氣（拍周圍薄中心厚），置於掌心中，抹入 50g 奶酥餡。

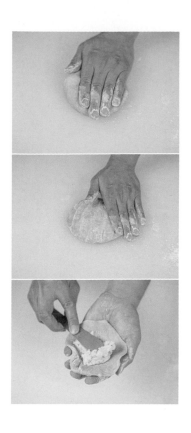

11　妥善收口，底部捏緊輕壓，整形成圓形。

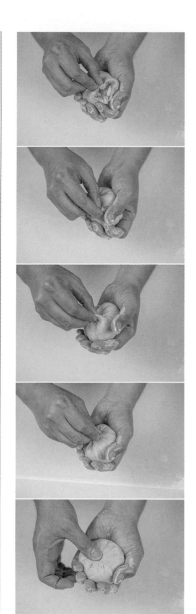

最後發酵

12　間距相等排入不沾烤盤，參考【烘焙流程表】最後發酵。

烤前裝飾

13　擠 30g 咖啡杏仁皮。

入爐烘烤

14　送入預熱好的烤箱，參考【烘焙流程表】烘烤。

Tips　烘烤的溫度、時間僅供參考，需依烤箱不同微調數據。

烤後裝飾

15　篩防潮可可粉。

NO.33
南瓜軟歐包

 烘焙流程表

❶ **攪拌**

詳閱內文

❷ **基本發酵**

50 分鐘（溫度 32°C / 濕度 75%）

❸ **分割滾圓**

110g

❹ **中間發酵**

30 分鐘（溫度 32°C / 濕度 75%）

❺ **整形**

詳閱內文 (備妥南瓜乳酪餡)

❻ **最後發酵**

50 分鐘（溫度 32°C / 濕度 75%）

❼ **烤前裝飾**

篩高筋麵粉，剪十字

❽ **入爐烘烤**

上火 210 / 下火 150°C，噴 3 秒蒸氣，烘烤 13 分鐘

 材料

		%	g
A	純芯高筋麵粉	100	500
	細砂糖	15	75
	鹽	1.4	7
	牛老大特級全脂奶粉	3	15
B	新鮮酵母	3	15
C	全蛋	10	50
	★ 自製南瓜餡	65	325
	水	10	50
	★ 法國老麵（P.17）	20	100
D	無鹽奶油	10	50
E	南瓜籽	10	50

Tips 配方中的「自製南瓜餡」也可使用麥之田南瓜餡。

 自製南瓜餡

	g
新鮮南瓜塊	500
細砂糖	50
市售白豆沙	150

1. 新鮮南瓜洗淨，去皮去籽切塊，秤出配方重量。

2. 以電鍋蒸熟後，全部材料一同拌勻，冷卻後使用。

Tips 冷藏保存，建議 2 天內使用完畢。

 南瓜乳酪餡

	g
Luxe 乳酪	300
★ 自製南瓜餡	100

1. Luxe 乳酪軟化至手指按壓可留下指痕之程度。

2. 所有材料一同拌勻。

Tips 冷藏保存，建議 2 天內使用完畢。
配方中的「自製南瓜餡」也可使用麥之田南瓜餡。

1 攪拌缸加入材料 A 乾性材料、材料 B 新鮮酵母、材料 C 濕性材料。

2 慢速攪拌 5 分鐘，轉中速 2 分鐘。

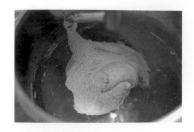

3 確認麵團能拉出厚膜、破口呈鋸齒狀時（擴展狀態），加入無鹽奶油，慢速攪拌 3 分鐘，讓奶油與麵團大致結合。

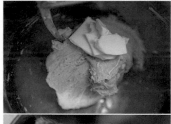

4 轉中速攪拌 3~4 分鐘，確認麵團薄膜透光，破口圓潤無鋸齒狀（完全擴展狀態）。

下南瓜籽慢速攪打 1 分鐘，打至材料均勻散入麵團，麵團終溫約 25°C，攪拌完成。

基本發酵

5 不沾烤盤噴上烤盤油（或刷任意油脂），取一端朝中心摺。

6 取另一端摺回，把麵團轉向放置，輕拍表面均一化（讓麵團發酵比較均勻），此為三摺一次。

7 送入發酵箱參考【烘焙流程表】發酵。

Tips 發酵後麵團撒適量高筋麵粉（手粉），手指也沾適量，戳入麵團，指痕不回縮即是發酵完成。

分割滾圓

8 參考【烘焙流程表】分割麵團，滾圓，麵團間距相等排入不沾烤盤中。

中間發酵

9 參考【烘焙流程表】，將麵團送入發酵箱發酵。

整形

10 輕拍排氣（拍周圍薄中心厚），置於掌心中，抹入50g 南瓜乳酪餡。

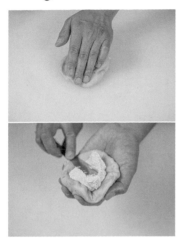

11 麵團收口成圓形，底部捏緊輕壓。

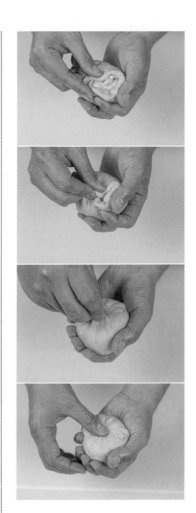

最後發酵

12 間距相等排入不沾烤盤，參考【烘焙流程表】最後發酵。

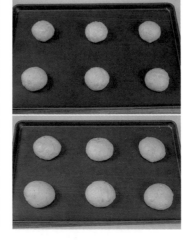

烤前裝飾

13 篩高筋麵粉，剪十字。

入爐烘烤

14 送入預熱好的烤箱，參考【烘焙流程表】烘烤。

Tips 烘烤的溫度、時間僅供參考，需依烤箱不同微調數據。

NO.34
谷早味

⚖ 材料

		%	g
A	純芯高筋麵粉	85	425
	德麥雜糧預拌粉	15	75
	細砂糖	10	50
	鹽	1.4	7
B	新鮮酵母	3	15
C	蜂蜜	5	25
	水	65	325
	★ 法國老麵（P.17）	20	100
D	無鹽奶油	8	40

🧑‍🍳 烘焙流程表

❶ 攪拌

詳閱內文

❷ 基本發酵

50 分鐘（溫度 32°C / 濕度 75%）

❸ 分割滾圓

主麵團 200g；外皮麵團 60g；麥穗造型麵團 40g

❹ 中間發酵

30 分鐘（溫度 32°C / 濕度 75%）

❺ 整形

詳閱內文（備妥麥之田紅豆餡、肉脯）

❻ 最後發酵

40 分鐘（溫度 32°C / 濕度 75%）

❼ 烤前裝飾

詳閱內文（備妥高筋麵粉）

❽ 入爐烘烤

上火 210 / 下火 150°C，噴 3 秒蒸氣，烘烤 18 分鐘

攪拌

1　攪拌缸加入材料 A 乾性材料、材料 B 新鮮酵母、材料 C 濕性材料。

2　慢速攪拌 5 分鐘，轉中速 2 分鐘。

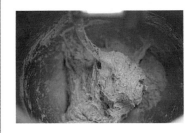

3　確認麵團能拉出厚膜、破口呈鋸齒狀時（擴展狀態），加入無鹽奶油，慢速攪拌 3 分鐘，讓奶油與麵團大致結合。

4　轉中速攪拌 3~4 分鐘，確認麵團薄膜透光，破口圓潤無鋸齒狀（完全擴展狀態），麵團終溫約 25°C，攪拌完成。

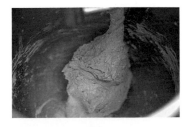

基本發酵

5　不沾烤盤噴上烤盤油（或刷任意油脂），取一端朝中心摺。

6　取另一端摺回，把麵團轉向放置，輕拍表面均一化（讓麵團發酵比較均勻），此為三摺一次。

7　送入發酵箱參考【烘焙流程表】發酵。

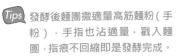

> **Tips** 發酵後麵團撒適量高筋麵粉（手粉），手指也沾適量，戳入麵團，指痕不回縮即是發酵完成。

8　參考【烘焙流程表】分割麵團，滾圓，麵團間距相等排入不沾烤盤中。

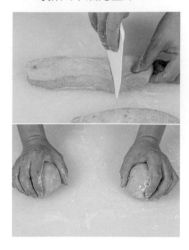

9　參考【烘焙流程表】，將麵團送入發酵箱發酵。

10　主麵團收摺成橄欖形，輕輕拍扁，以擀麵棍擀開，翻面底部壓薄。

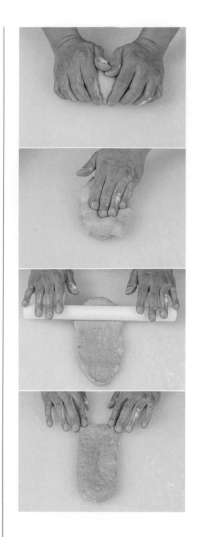

11　抹 50g 麥之田紅豆餡，鋪 15g 肉脯捲起，整形成橄欖形。

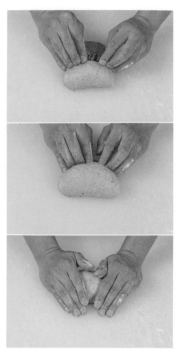

12　外皮麵團沾高筋麵粉，擀開，拉整成長方形。

13　包覆主麵團（主麵團收口處朝上放置），收口捏緊，翻面，重新收整成橄欖形。

18　篩高筋麵粉，兩側各割3刀，中央麵團邊剪邊往兩側撥，撥成麥穗造型。

❯❯

14　麥穗造型麵團沾適量高筋麵粉，擀片狀，收摺成長條，搓18公分長。

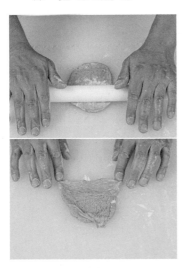

15　麥穗造型麵團間距相等排入不沾烤盤，送入冰箱冷藏。

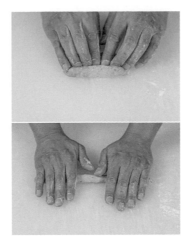

最後發酵

16　整形後的主麵團間距相等排入不沾烤盤，參考【烘焙流程表】最後發酵。

烤前裝飾

17　發酵後之主麵團噴水，擺上冷藏麥穗造型麵團。

入爐烘烤

19　送入預熱好的烤箱，參考【烘焙流程表】烘烤。

Tips　烘烤的溫度、時間僅供參考，需依烤箱不同微調數據。

NO.35
芝心大咖

材料

A		%	g
A	純芯高筋麵粉	100	500
	即溶咖啡粉	1.4	7
	細砂糖	12	60
	鹽	1	5
B	新鮮酵母	3	15
C	鮮奶	10	50
	水	40	200
	★湯種 (P.16)	20	100
	全蛋	10	50
D	無鹽奶油	8	40

咖啡杏仁皮

	g
無鹽奶油	100
細砂糖	100
即溶咖啡粉	7
水	20
全蛋	100
杏仁粉 (過篩)	50
低筋麵粉 (過篩)	50

1. 即溶咖啡粉、水預先混勻。
2. 無鹽奶油以中火加熱融解。
3. 全部材料混合均勻。

Tips 冷藏保存,建議 3 天內使用完畢。

烘焙流程表

❶ **攪拌**
詳閱內文

❷ **基本發酵**
50 分鐘(溫度 32℃ / 濕度 75%)

❸ **分割滾圓**
200g

❹ **中間發酵**
30 分鐘(溫度 32℃ / 濕度 75%)

❺ **整形**
詳閱內文(備妥高溶點乳酪丁、火腿片、生杏仁角)

❻ **最後發酵**
50 分鐘(溫度 32℃ / 濕度 75%)

❼ **烤前裝飾**
擠咖啡杏仁皮

❽ **入爐烘烤**
上火 210 / 下火 150℃,15 分鐘

攪拌

1 攪拌缸加入材料 A 乾性材料、材料 B 新鮮酵母、材料 C 濕性材料。

2 慢速攪拌 5 分鐘，轉中速 2 分鐘。

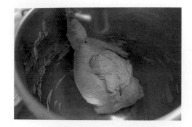

3 確認麵團能拉出厚膜、破口呈鋸齒狀時（擴展狀態），加入無鹽奶油，慢速攪拌 3 分鐘，讓奶油與麵團大致結合。

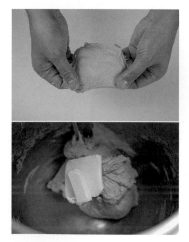

4 轉中速攪拌 3~4 分鐘，確認麵團薄膜透光，破口圓潤無鋸齒狀（完全擴展狀態），麵團終溫約 25°C，攪拌完成。

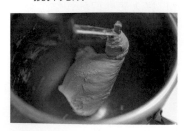

基本發酵

5 不沾烤盤噴上烤盤油（或刷任意油脂），取一端朝中心摺。

6 取另一端摺回，把麵團轉向放置，輕拍表面均一化（讓麵團發酵比較均勻），此為三摺一次。

7 送入發酵箱參考【烘焙流程表】發酵。

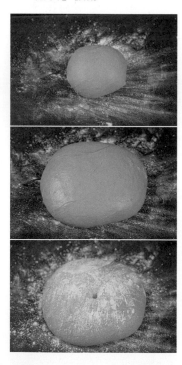

Tips 發酵後麵團撒適量高筋麵粉（手粉），手指也沾適量，戳入麵團，指痕不回縮即是發酵完成。

分割滾圓

8 參考【烘焙流程表】分割麵團，滾圓，麵團間距相等排入不沾烤盤中。

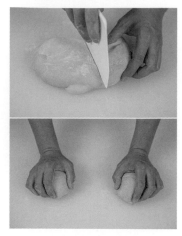

中間發酵

9 參考【烘焙流程表】，將麵團送入發酵箱發酵。

整形

10 麵團收摺成長條狀，輕輕拍扁，再以擀麵棍擀開，翻面，底部壓薄。

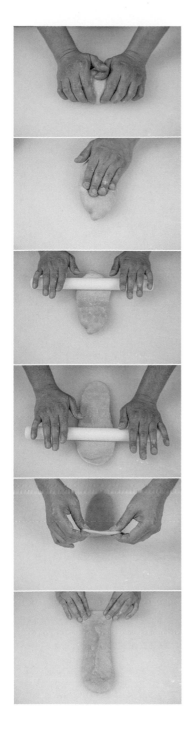

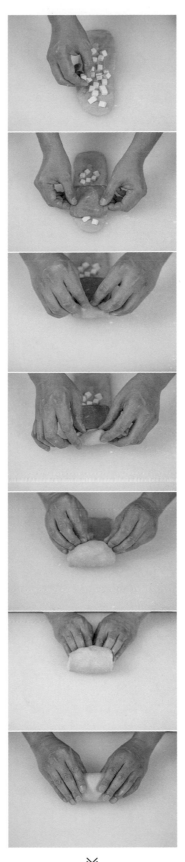

12 參考【烘焙流程表】最後
發酵。

13 擠 40g 咖啡杏仁皮。

14 送入預熱好的烤箱，參考
【烘焙流程表】烘烤。

Tips 烘烤的溫度、時間僅供參考，
需依烤箱不同微調數據。

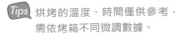

11 鋪上 30g 高溶點乳酪丁、1
片火腿片，收摺捲起 (長
度約 10 公分)，收口處捏
緊，間距相等排入不沾烤
盤，噴水撒 1g 生杏仁角。

NO.36
相思薯

材料

	%	g
A 純芯高筋麵粉	100	500
熟胚芽粉	4	20
細砂糖	10	50
鹽	1.4	7
牛老大特級全脂奶粉	4	20
B 新鮮酵母	3	15
C 全蛋	10	50
★ 紫薯餡	30	150
水	54	270
★ 法國老麵（P.17）	30	150
D 無鹽奶油	8	40

> **Tips** 配方中的「紫薯餡」也可使用麥之田紫薯芋泥。

紫薯餡

	g
紫薯	700
煉乳	30
動物性鮮奶油	70
無鹽奶油	30
玉米澱粉（過篩）	20

1. 紫薯洗淨，去皮切丁秤出配方量，以電鍋蒸熟。
2. 所有材料一同拌勻，放涼備用。

 墨西哥餡

	g
無鹽奶油	100
細砂糖	100
全蛋	100
低筋麵粉（過篩）	100

1. 無鹽奶油中火加熱融解。
2. 所有材料一同拌勻，裝入擠花袋備用。

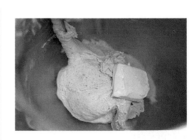

烘焙流程表

 ACT **6**

軟歐麵包

❶ **攪拌**

詳閱內文

❷ **基本發酵**

50 分鐘（溫度 32℃ / 濕度 75%）

❸ **分割滾圓**

210g

❹ **中間發酵**

30 分鐘（溫度 32℃ / 濕度 75%）

❺ **整形**

詳閱內文（備妥紫薯餡）

❻ **最後發酵**

50 分鐘（溫度 32℃ / 濕度 75%）

❼ **烤前裝飾**

擠墨西哥餡，篩紫薯粉

❽ **入爐烘烤**

上火 210 / 下火 150℃，17~20 分鐘

攪拌

1 攪拌缸加入材料 A 乾性材料、材料 B 新鮮酵母、材料 C 濕性材料。

2 慢速攪拌 5 分鐘，轉中速 2 分鐘。

3 確認麵團能拉出厚膜、破口呈鋸齒狀時（擴展狀態），加入無鹽奶油，慢速攪拌 3 分鐘，讓奶油與麵團大致結合。

4 轉中速攪拌 3~4 分鐘，確認麵團薄膜透光，破口圓潤無鋸齒狀（完全擴展狀態），麵團終溫約 25℃，攪拌完成。

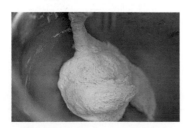

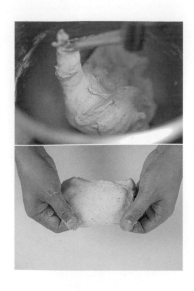

基本發酵

5　不沾烤盤噴上烤盤油（或刷任意油脂），取一端朝中心摺。

6　取另一端摺回，把麵團轉向放置，輕拍表面均一化（讓麵團發酵比較均勻），此為三摺一次。

7　送入發酵箱參考【烘焙流程表】發酵。

Tips 發酵後麵團撒適量高筋麵粉（手粉），手指也沾適量，戳入麵團，指痕不回縮即是發酵完成。

分割滾圓

8　參考【烘焙流程表】分割麵團，滾圓，麵團間距相等排入不沾烤盤中。

中間發酵

9　參考【烘焙流程表】，將麵團送入發酵箱發酵。

整形

10　輕拍排氣，以擀麵棍擀開，翻面，底部壓薄。

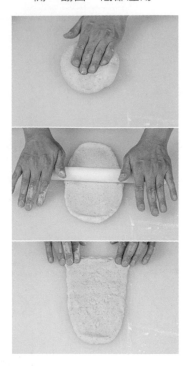

11　抹 60g 紫薯餡收摺捲起，收口處捏緊，搓長約 15 公分。

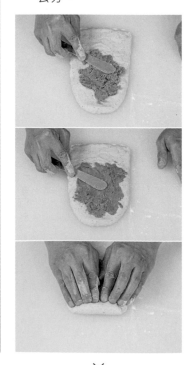

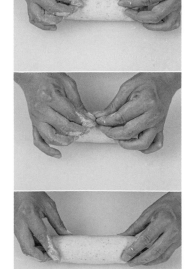

12　間距相等排入不沾烤盤，
　　參考【烘焙流程表】最後
　　發酵。

烤前裝飾

13　擠 20g 墨西哥餡，篩上紫
　　薯粉。

入爐烘烤

14　送入預熱好的烤箱，參考
　　【烘焙流程表】烘烤。

Tips　烘烤的溫度、時間僅供參考，
　　　需依烤箱不同微調數據。

NO.37
五穀米軟歐包

材料

	%	g
A 哥磨高筋麵粉	100	500
細砂糖	10	50
鹽	1.4	7
熟胚芽粉	4	20
B 新鮮酵母	3	15
C 鮮奶	20	100
水	48	240
麥之田五穀米	20	100
★ 法國老麵 （P.17）	10	50
D 無鹽奶油	6	30

烘焙流程表

❶ 攪拌

詳閱內文（麵團終溫 25℃）

❷ 基本發酵

50 分鐘（溫度 32℃ / 濕度 75%）

❸ 分割滾圓

150g

❹ 中間發酵

30 分鐘（溫度 32℃ / 濕度 75%）

❺ 整形

詳閱內文（備妥高溶點乳酪丁）

❻ 最後發酵

50 分鐘（溫度 32℃ / 濕度 75%）

❼ 烤前裝飾

篩高筋麵粉，剪 3 刀

❽ 入爐烘烤

上火 200 / 下火 150℃，噴 3 秒蒸氣，烤 15~17 分鐘

攪拌

1 攪拌缸加入材料 A、材料 B、材料 C。

2 慢速攪拌 5 分鐘，轉中速 2 分鐘，攪拌至有麵筋出現，確認麵團能拉出厚膜、破口呈鋸齒狀時（擴展狀態）。

3 加入無鹽奶油，慢速攪拌 3 分鐘，讓奶油與麵團大致結合。

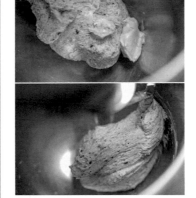

4 轉中速攪拌 3~4 分鐘，確認麵團薄膜透光，破口圓潤無鋸齒狀（完全擴展狀態），攪拌完成。

基本發酵

5 不沾烤盤噴上烤盤油（或刷任意油脂），取一端朝中心摺。

6 取另一端摺回，把麵團轉向放置，輕拍表面均一化（讓麵團發酵比較均勻），此為三摺一次。

7 參考【烘焙流程表】，將麵團送入發酵箱發酵。

8　參考【烘焙流程表】分割麵團，滾圓，底部收緊輕壓，麵團間距相等排入不沾烤盤中。

中間發酵

9　參考【烘焙流程表】，將麵團送入發酵箱發酵。

整形

10　輕輕拍開（中心厚周圍薄），翻面。

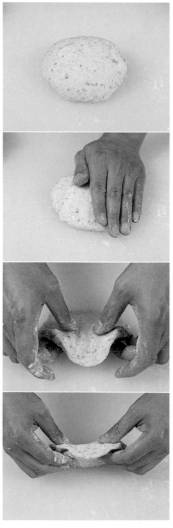

11　鋪高溶點乳酪丁 40g，取兩端麵團依序捏合，壓緊收口處，翻面搓成橄欖形。

最後發酵

12 間距相等排入不沾烤盤，
參考【烘焙流程表】最後
發酵。

烤前裝飾

13 篩高筋麵粉，剪 3 刀。

入爐烘烤

14 送入預熱好的烤箱，參考
【烘焙流程表】烘烤。

Tips 烘烤的溫度、時間僅供參考，
需依烤箱不同微調數據。

133

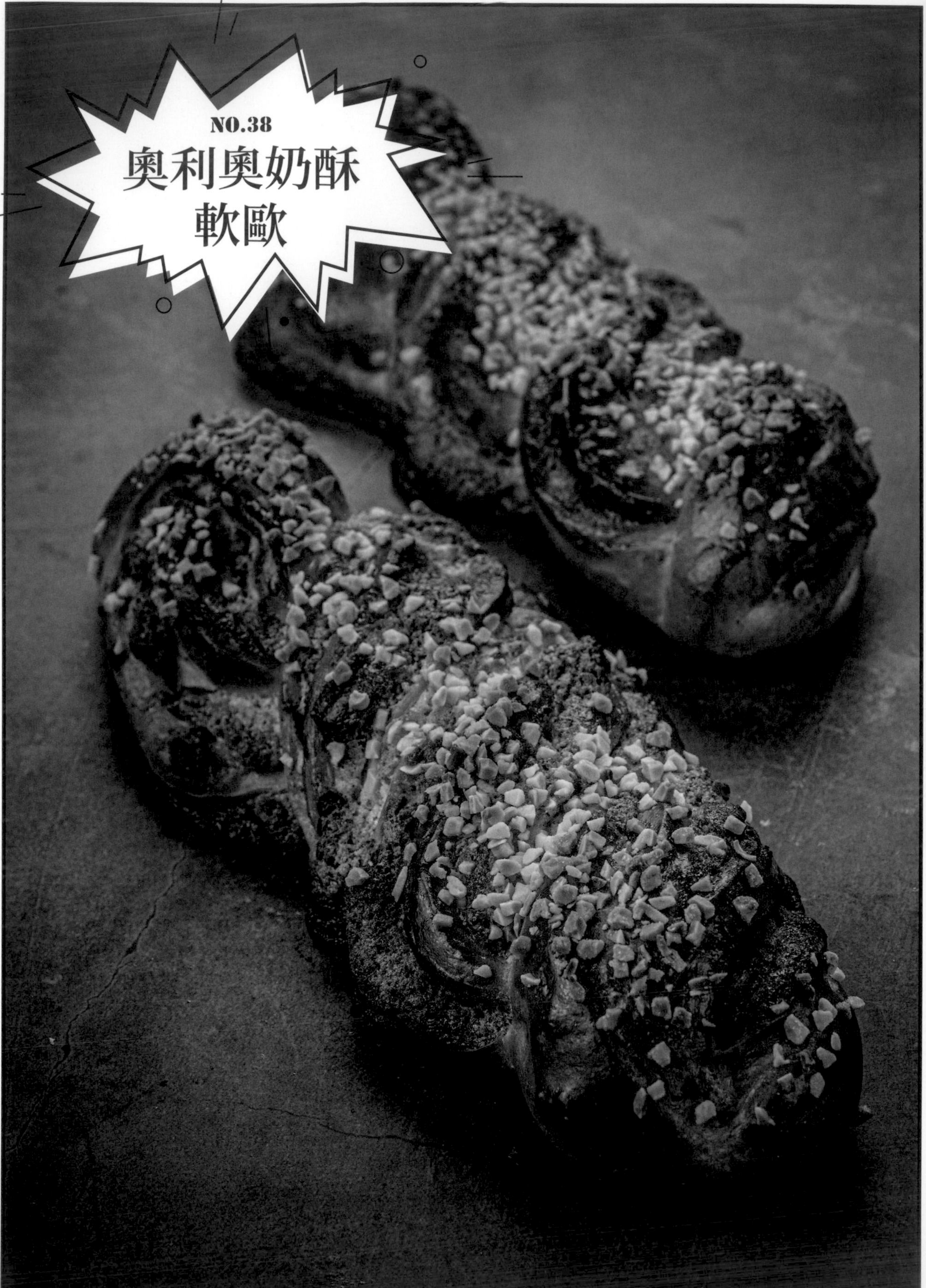
NO.38
奧利奧奶酥
軟歐

材料

	%	g
A 哥磨高筋麵粉	100	500
細砂糖	12	60
鹽	1.2	6
牛老大特級全脂奶粉	4	20
B 新鮮酵母	3	15
C 全蛋	20	100
鮮奶	10	50
水	38	190
D 無鹽奶油	20	100

奧利奧奶酥餡

	g
A 無鹽奶油	100
糖粉（過篩）	100
B 全蛋液	50
C 牛老大特級全脂奶粉（過篩）	100
奧利奧餅乾碎	50

1. 無鹽奶油軟化至手指按壓可以留下指痕之程度。
2. 乾淨鋼盆加入材料A，一同打發，打發至材料產生白色絨毛質感。
3. 分3次加入全蛋液拌勻。
4. 加入材料C拌勻。

烘焙流程表

❶ **攪拌**
詳閱內文（麵團終溫25℃）

❷ **基本發酵**
50分鐘（溫度32℃／濕度75%）

❸ **分割滾圓**
100g

❹ **中間發酵**
30分鐘（溫度32℃／濕度75%）

❺ **整形**
詳閱內文（備妥奧利奧奶酥餡）

❻ **最後發酵**
45分鐘（溫度32℃／濕度75%）

❼ **烤前裝飾**
刷全蛋液，撒杏仁角

❽ **入爐烘烤**
上火210／下火150℃，烤15~17分鐘

攪拌

1 攪拌缸加入材料A、材料B、材料C。

2 慢速攪拌5分鐘，轉中速2分鐘，攪拌至有麵筋出現，確認麵團能拉出厚膜、破口呈鋸齒狀（擴展狀態）。

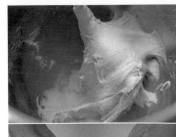

3 加入無鹽奶油，慢速攪拌3分鐘，讓奶油與麵團大致結合。

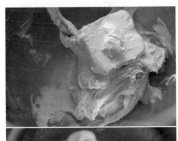

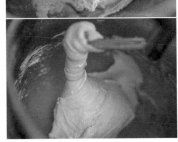

4 轉中速攪拌3~4分鐘，確認麵團薄膜透光，破口圓潤無鋸齒狀（完全擴展狀態），攪拌完成。

基本發酵

5　不沾烤盤噴上烤盤油（或刷任意油脂），取一端朝中心摺。

6　取另一端摺回，把麵團轉向放置，輕拍表面均一化（讓麵團發酵比較均勻），此為三摺一次。

7　參考【烘焙流程表】，將麵團送入發酵箱發酵。

Tips 手沾適量手粉，戳入麵團測試發酵程度，若麵團不回縮即為完成。

分割滾圓

8　參考【烘焙流程表】分割麵團，滾圓，底部收緊輕壓，麵團間距相等排入不沾烤盤中。

中間發酵

9　參考【烘焙流程表】，將麵團送入發酵箱發酵。

整形

10　輕拍排氣，以擀麵棍擀開，翻面，收整成正方形。

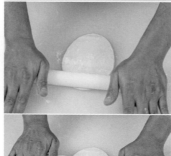

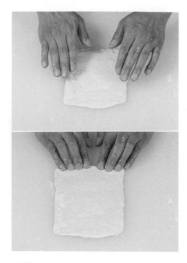

Tips 底部壓薄。

11　抹 40g 奧利奧奶酥餡，收摺成長條狀，收口處捏緊搓長，搓約 20 公分。

12 冷藏鬆弛 30 分鐘。

13 麵團從中切半（頂部留些許不切斷），打辮子，長約 18 公分。

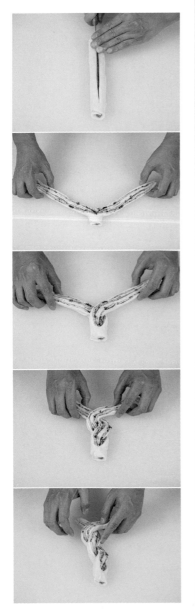

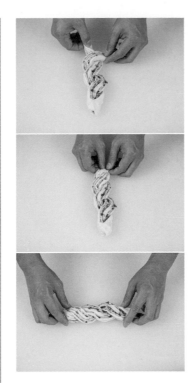

烤前裝飾

15 刷全蛋液，撒杏仁角。

最後發酵

14 間距相等排入不沾烤盤，參考【烘焙流程表】最後發酵。

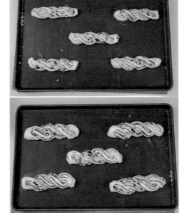

入爐烘烤

16 送入預熱好的烤箱，參考【烘焙流程表】烘烤。

NO.39
佐莫拉吉

🍮 **乳酪餡**

Luxe 奶油乳酪	400g
糖粉（過篩）	100g

1. Luxe 奶油乳酪軟化至手指按壓可留下指痕之程度。
2. 所有材料一同拌勻，裝入擠花袋中。

材料

		%	g
A	哥磨高筋麵粉	100	500
	帕瑪森起司粉	10	50
	細砂糖	12	60
	鹽	2	10
	牛老大特級全脂奶粉	4	20
B	新鮮酵母	3	15
C	全蛋	20	100
	水	50	250
	★ 法國老麵（P.17）	20	100
D	無鹽奶油	10	50

烘焙流程表

❶ 攪拌

詳閱內文

❷ 基本發酵

50 分鐘（溫度 32℃ / 濕度 75%）

❸ 分割滾圓

110g

❹ 中間發酵

30 分鐘（溫度 32℃ / 濕度 75%）

❺ 整形

詳閱內文（備妥乳酪餡、全蛋液、帕瑪森起司粉）

❻ 最後發酵

50 分鐘（溫度 32℃ / 濕度 75%）

❼ 烤前裝飾

剪 4 刀

❽ 入爐烘烤

上火 170 / 下火 150℃，噴 3 秒蒸氣，17~20 分鐘

攪拌

1　攪拌缸加入材料 A 乾性材料、材料 B 新鮮酵母、材料 C 濕性材料。

2　慢速攪拌 5 分鐘，轉中速 2 分鐘。

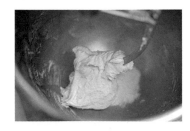

3　確認麵團能拉出厚膜、破口呈鋸齒狀時（擴展狀態），加入無鹽奶油，慢速攪拌 3 分鐘，讓奶油與麵團大致結合。

4　轉中速攪拌 3~4 分鐘，確認麵團薄膜透光，破口圓潤無鋸齒狀（完全擴展狀態），麵團終溫約 25℃，攪拌完成。

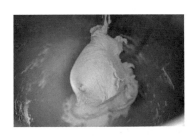

基本發酵

5　不沾烤盤噴上烤盤油（或刷任意油脂），取一端朝中心摺。

6 取另一端摺回，把麵團轉向放置，輕拍表面均一化（讓麵團發酵比較均勻），此為三摺一次。

7 送入發酵箱參考【烘焙流程表】發酵。

Tips 發酵後麵團撒適量高筋麵粉（手粉），手指也沾適量，戳入麵團，指痕不回縮即是發酵完成。

分割滾圓

8 參考【烘焙流程表】分割麵團，滾圓，麵團間距相等排入不沾烤盤中。

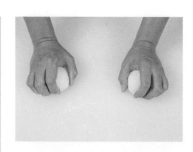

中間發酵

9 參考【烘焙流程表】，將麵團送入發酵箱發酵。

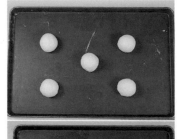

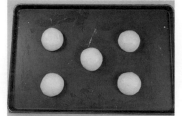

整形

10 輕拍排氣，以擀麵棍擀開，翻面，底部壓薄。

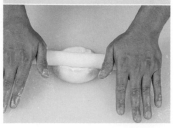

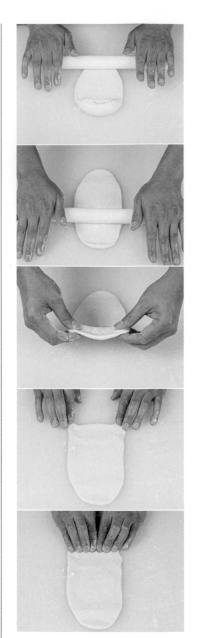

11 擠上40g乳酪餡，收摺捲起，收口處捏緊，搓長約12公分。

12 刷全蛋液，沾帕瑪森起司粉。

最後發酵

13 間距相等排入不沾烤盤，參考【烘焙流程表】最後發酵。

烤前裝飾

14 剪4刀。

入爐烘烤

15 送入預熱好的烤箱，參考【烘焙流程表】烘烤。

Tips 烘烤的溫度、時間僅供參考，需依烤箱不同微調數據。

NO.40
胖蕉麵包

⚖ 材料

		%	g
A	哥磨高筋麵粉	100	500
	可可粉	3	15
	細砂糖	14	70
	鹽	1.4	7
B	新鮮酵母	3	15
C	全蛋	10	50
	鮮奶	10	50
	水	50	250
	★ 法國老麵（P.17）	20	100
D	無鹽奶油	30	150
E	黑水滴巧克力豆	20	100

🥣 餅乾皮

		g
A	無鹽奶油	100
	糖粉（過篩）	100
B	蛋黃液	100
C	低筋麵粉（過篩）	90
	杏仁碎	30

1. 無鹽奶油軟化至手指按壓可以留下指痕之程度。
2. 乾淨鋼盆加入材料 A，以刮刀拌勻。
3. 分次加入蛋黃液拌勻。
4. 加入材料 C 拌勻，裝入擠花袋中。

🍚 奧利奧奶酥餡 ⓖ

		g
A	無鹽奶油	100
	糖粉（過篩）	100
B	全蛋液	50
C	牛老大特級全脂奶粉（過篩）	100
	奧利奧餅乾碎	50

1. 無鹽奶油軟化至手指按壓可以留下指痕之程度。
2. 乾淨鋼盆加入材料 A，一同打發，打發至材料產生白色絨毛質感。
3. 分 3 次加入全蛋液拌勻。
4. 加入材料 C 拌勻。

👨‍🍳 烘焙流程表

❶ 攪拌
詳閱內文（麵團終溫 25℃）

❷ 基本發酵
50 分鐘（溫度 32℃／濕度 75%）

❸ 分割滾圓
150g

❹ 中間發酵
30 分鐘（溫度 32℃／濕度 75%）

❺ 整形
詳閱內文（備妥麥之田香蕉丁，參考 P.135 備妥奧利奧奶酥餡）

❻ 最後發酵
50 分鐘（溫度 32℃／濕度 75%）

❼ 烤前裝飾
擠餅乾皮

❽ 入爐烘烤
上火 190／下火 150℃，烤 18~20 分鐘

攪拌

1　攪拌缸加入材料 A、材料 B、材料 C。

2　慢速攪拌 5 分鐘，轉中速 2 分鐘，攪拌至有麵筋出現。

3　確認麵團能拉出厚膜、破口呈鋸齒狀時（擴展狀態），加入無鹽奶油，慢速攪拌 3 分鐘，讓奶油與麵團大致結合。

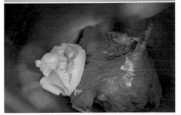

143

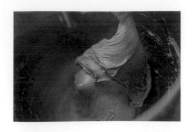

4　轉中速攪拌 3~4 分鐘，確認麵團薄膜透光，破口圓潤無鋸齒狀（完全擴展狀態）。

5　加入黑水滴巧克力豆，慢速攪打 1 分鐘，打至材料均勻散入麵團即可。

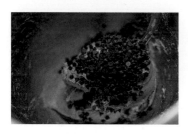

基本發酵

6　不沾烤盤噴上烤盤油（或刷任意油脂），取一端朝中心摺。

7　取另一端摺回，把麵團轉向放置，輕拍表面均一化（讓麵團發酵比較均勻），此為三摺一次。

8　參考【烘焙流程表】，將麵團送入發酵箱發酵。

Tips　手沾適量手粉，戳入麵團測試發酵程度，若麵團不回縮即為完成。

分割滾圓

9　參考【烘焙流程表】分割麵團，滾圓，底部收緊輕壓，麵團間距相等排入不沾烤盤中。

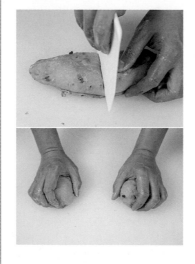

中間發酵

10　參考【烘焙流程表】，將麵團送入發酵箱發酵。

整形

11　輕拍排氣，以擀麵棍擀開，翻面，底部壓薄。

144

12 抹 30g 奧利奧奶酥餡,鋪 20g 香蕉丁,捲起搓長,長度約 15 公分。

≫

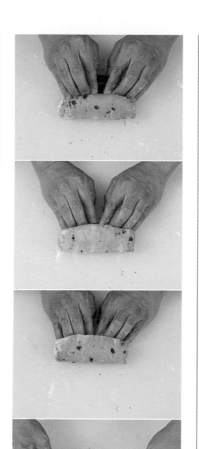

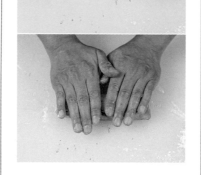

最後發酵

13 間距相等排入不沾烤盤,參考【烘焙流程表】最後發酵。

烤前裝飾

14 擠 50g 餅乾皮。

入爐烘烤

15 送入預熱好的烤箱,參考【烘焙流程表】烘烤。

Tips 烘烤的溫度、時間僅供參考,需依烤箱不同微調數據。

材料

		%	g
A	哥磨高筋麵粉	70	350
	法印法國粉	30	150
	細砂糖	8	40
	鹽	1.4	7
B	新鮮酵母	3	15
C	全蛋	10	50
	鮮奶	60	300
D	無鹽奶油	10	50

酒釀綜合果乾

	g
葡萄乾	200
蔓越莓乾	200
橙皮丁	100
芒果乾丁	200
蘭姆酒	100

1. 乾淨鋼盆加入所有材料拌勻。
2. 以保鮮膜妥善封起。
3. 送入冰箱，冷藏 48 小時備用。

🍳 烘焙流程表

❶ 攪拌

詳閱內文

❷ 基本發酵

60 分鐘（溫度 32℃ / 濕度 75%）

❸ 分割滾圓

150g

❹ 中間發酵

30 分鐘（溫度 32℃ / 濕度 75%）

❺ 整形

詳閱內文

（備妥酒釀綜合果乾）

❻ 最後發酵

50 分鐘（溫度 32℃ / 濕度 75%）

❼ 烤前裝飾

割 5 刀

❽ 入爐烘烤

上火 210 / 下火 150℃，噴 3 秒蒸氣，18~20 分鐘

攪拌

1　攪拌缸加入材料 A 乾性材料、材料 B 新鮮酵母、材料 C 濕性材料。

2　慢速攪拌 5 分鐘，轉中速 2 分鐘。

3　確認麵團能拉出厚膜、破口呈鋸齒狀時（擴展狀態），加入無鹽奶油，慢速攪拌 3 分鐘，讓奶油與麵團大致結合。

4　轉中速攪拌 3~4 分鐘，確認麵團薄膜透光，破口圓潤無鋸齒狀（完全擴展狀態），麵團終溫約 25℃，攪拌完成。

基本發酵

5　不沾烤盤噴上烤盤油（或刷任意油脂），取一端朝中心摺。

147

6 取另一端摺回，把麵團轉向放置，輕拍表面均一化（讓麵團發酵比較均勻），此為三摺一次。

7 送入發酵箱參考【烘焙流程表】發酵。

Tips 發酵後麵團撒適量高筋麵粉（手粉），手指也沾適量，戳入麵團，指痕不回縮即是發酵完成。

分割滾圓

8 參考【烘焙流程表】分割麵團，收摺成長方形，麵團間距相等排入不沾烤盤中。

中間發酵

9 參考【烘焙流程表】，將麵團送入發酵箱發酵。

整形

10 麵團直接擀開，翻面，底部壓薄。

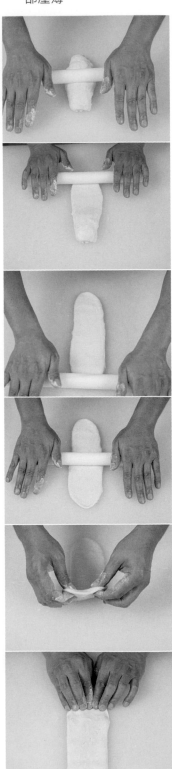

148

11 鋪 40 酒釀綜合果乾，輕輕捲起，底部捏緊搓長，長度約 10 公分。

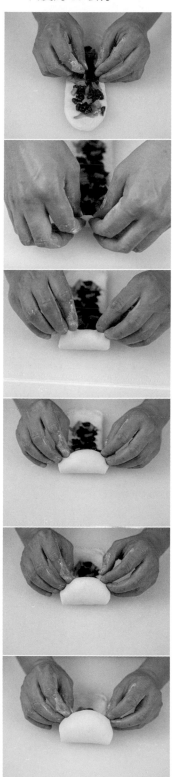

13 割 5 刀。

14 送入預熱好的烤箱，參考【烘焙流程表】烘烤。

Tips 烘烤的溫度、時間僅供參考，需依烤箱不同微調數據。

12 間距相等排入不沾烤盤，參考【烘焙流程表】最後發酵。

NO.42
牛奶麵包
蜜紅豆

材料

	%	g
A 哥磨高筋麵粉	70	350
法印法國粉	30	150
細砂糖	8	40
鹽	1.4	7
B 新鮮酵母	3	15
C 全蛋	10	50
鮮奶	60	300
D 無鹽奶油	10	50

🍳 烘焙流程表

❶ 攪拌

詳閱內文

❷ 基本發酵

60 分鐘（溫度 32°C / 濕度 75%）

❸ 分割滾圓

150g

❹ 中間發酵

30 分鐘（溫度 32°C / 濕度 75%）

❺ 整形

詳閱內文（備妥麥之田蜜紅豆粒）

❻ 最後發酵

50 分鐘（溫度 32°C / 濕度 75%）

❼ 烤前裝飾

割 6 刀

❽ 入爐烘烤

上火 210 / 下火 150°C，噴 3 秒蒸氣，18~20 分鐘

攪拌

1 攪拌缸加入材料 A 乾性材料、材料 B 新鮮酵母、材料 C 濕性材料。

2 慢速攪拌 5 分鐘，轉中速 2 分鐘。

3 確認麵團能拉出厚膜、破口呈鋸齒狀時（擴展狀態），加入無鹽奶油，慢速攪拌 3 分鐘，讓奶油與麵團大致結合。

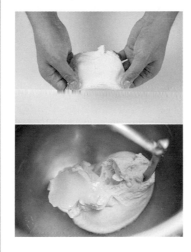

4 轉中速攪拌 3~4 分鐘，確認麵團薄膜透光，破口圓潤無鋸齒狀（完全擴展狀態），麵團終溫約 25°C，攪拌完成。

基本發酵

5 不沾烤盤噴上烤盤油（或刷任意油脂），取一端朝中心摺。

6 取另一端摺回，把麵團轉向放置，輕拍表面均一化（讓麵團發酵比較均勻），此為三摺一次。

7 送入發酵箱參考【烘焙流程表】發酵。

Tips 發酵後麵團撒適量高筋麵粉（手粉），手指也沾適量，戳入麵團，指痕不回縮即是發酵完成。

8　參考【烘焙流程表】分割麵團，收摺成長方形，間距相等排入不沾烤盤中。

中間發酵

9　參考【烘焙流程表】，將麵團送入發酵箱發酵。

整形

10　麵團直接擀開，翻面，底部壓薄。

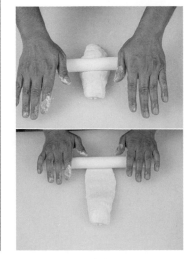

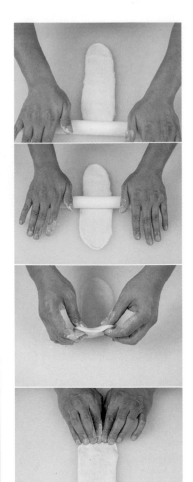

11　鋪 40g 麥之田蜜紅豆粒，輕輕捲起，底部捏緊搓長，長度約 10 公分。

入爐烘烤

14　送入預熱好的烤箱，參考
　　【烘焙流程表】烘烤。

> **Tips** 烘烤的溫度、時間僅供參考，
> 需依烤箱不同微調數據。

最後發酵

12　間距相等排入不沾烤盤，
　　參考【烘焙流程表】最後
　　發酵。

烤前裝飾

13　割 6 刀。

Cowhand
EXTRA GRADE

牛老大
特級全脂奶粉 26% Butter Fat
特級即溶全脂奶粉 28% Butter F

100%來自紐西蘭單一乳源製造
讓您的食品流露濃濃自然奶香

牛老大
特級
全脂奶粉
WHOLE
MILK
POWDER
乳脂 26% Butter Fat

100% 紐西蘭單一乳源製造 風味絕佳
食用特級品 Fresh and Pure Cows Milk Spra

500g

牛老大
特級即溶
全脂奶粉
INSTANT
WHOLE
MILK
POWDER
乳脂 28% Butter Fat

100% 紐西蘭單一乳源製造 奶香十足的好夥伴
食用特級品 Fresh and Pure Cows Milk Spray Dried

500g

100%使用嚴選紐西蘭純淨優質乳源，紐西蘭氣候四季分明
天候穩定環境零汙染，飼養之乳牛終年食用新鮮牧草，因此
產出的牛乳純淨美味香醇濃郁，倍受國際專業人士肯定。

牛老大特級即溶全脂奶粉，選用無受汙染的乳牛所生產的生
乳製作，製程中無添加任何防腐劑及人工香料，保留最天然
的乳香及營養，使用在烘焙及西點製作上，更能增添產品的
風味及香氣。

牛老大特級即溶全脂奶粉，使用紐西蘭食品安全管理局檢驗
合格之奶粉，給您百分百的安全品質保證。

萬記 原料安心 吃得最放心

另有25Kg袋裝
www.wanchee.com.tw
訂購請撥 02-28743363　傳真 02-28743362

《家庭麵包夢工廠》抽獎活動

掃描查詢
直播連結

★ 第一彈【直播抽獎】：直播傳送門（直播收看連結）請於 3/26 至「上優好書網」最新消息查詢。

● 參加資格：

❶ 凡於 2021 年 3 月 24 日（含）前購買本書（依訂單購買日期為憑），即可自動參加抽獎（不須寄回讀者回函），由本公司自行載入訂單之「收件人」資料，參加抽獎。

❷ 於 3/26~3/29 烘焙展本公司攤位現場購買本書者，亦可參加抽獎（於現場填寫抽獎單）。

● 直播抽獎：

❶ 日期：2021 年 3 月 29 日（一）下午 2 點 30 分，烘焙展簽書會現場直播公開抽獎。

❷ 烘焙展簽書會地點：台北南港展覽館一館一樓，攤位：J 區 503、505、507。

❸ 有獎徵答：與參加簽書會現場之讀者，進行有獎徵答活動，贈 UCOM 河馬防熱手套（五色隨機出貨），10 名，市價 199 元。

● 公布得獎名單：

❶ 日期：2021 年 3 月 30 日（二）

❷ 查詢：請詳「上優好書網」最新消息及「上優文化 Facebook 粉絲專頁」查詢。

上優好書網　Facebook 粉絲專頁

● 獎品寄出：預計於 4/9 陸續寄出獎品。

1名
胖鍋桌上型攪拌機
MX-505C
市價 7980 元

1名
胖鍋智能真空
包裝機 VA-201
市價 4780 元

1名
三能 Unopan
無油空氣油炸烤箱 14L
市價 3444 元

2名
德國製圓形發酵籐籃
市價 690 元

2名
三箭章魚燒烤盤
市價 499 元

10名
山崎多機能
料理剪刀
市價 400 元

2名
胖鍋矽膠揉麵墊
市價 245 元

10名
UCOM
河馬防熱手套
市價 199 元

★ 第二彈【讀者回函抽獎】：

● 參加資格：即日起至 2021 年 5 月 5 日（含）前寄回本書「讀者回函」即可參加抽獎（郵戳為憑）。

● 公布得獎名單：

❶ 日期：2021 年 5 月 10 日（一）

❷ 查詢：請詳「上優好書網」最新消息及「上優文化 Facebook 粉絲專頁」查詢。

上優好書網　Facebook 粉絲專頁

● 獎品寄出：預計於 5/17 陸續寄出獎品。

1名
胖鍋桌上型攪拌機
MX-505C
市價 7980 元

1名
三能 Unopan
無油空氣油炸烤箱
14L(型號 Un01001)
市價 3444 元

1名
鳳梨牌 MN-101
製麵機
市價 2108 元

3名
德國製圓形
發酵籐籃
市價 690 元

10名
山崎多機能
料理剪刀
市價 400 元

3名
胖鍋矽膠揉麵墊
市價 245 元

＊獎品顏色依實際寄送為準 / 本公司擁有活動最終解釋權

Baking 04

國家圖書館出版品預行編目 (CIP) 資料

家庭麵包夢工廠 / 黃宗辰，林育瑋著 . -- 一版 . --
新北市 : 優品文化事業有限公司 , 2021.03 160 面 ;
19x26 公分 . -- (Baking ; 4)
ISBN 978-986-06127-9-0(平裝)

1. 麵包 2. 點心食譜

439.21   110002210

作　　者	黃宗辰、林育瑋
總 編 輯	薛永年
美術總監	馬慧琪
文字編輯	蔡欣容
攝　　影	王隼人
出 版 者	優品文化事業有限公司

電話：(02)8521-2523
傳真：(02)8521-6206
Email：8521service@gmail.com
（ 如有任何疑問請聯絡此信箱洽詢)
網站：www.8521book.com.tw

印　　刷	鴻嘉彩藝印刷股份有限公司
業務副總	林啟瑞 0988-558-575
總 經 銷	大和書報圖書股份有限公司

新北市新莊區五工五路 2 號
電話：(02)8990-2588
傳真：(02)2299-7900

網路書店	www.books.com.tw 博客來網路書店
出版日期	2021 年 3 月
版　　次	一版一刷
定　　價	420 元

協助人員：林妏宣、盧建亨、
　　　　　陳健瑋、劉俊杰、郭珀毅、江信德

WUMAI
烘焙本舖
Facebook 粉絲專頁

宗辰的職人日誌
Chef Zhong Chen's Journal
YouTube 頻道

上優好書網

LINE
官方帳號

Facebook
粉絲專頁

YouTube
頻道

家庭麵包夢工廠　　　　　# 讀者回函

♥ 為了以更好的面貌再次與您相遇，期盼您說出真實的想法，給我們寶貴意見 ♥

姓名：	性別：□男　□女	年齡：　　　歲
聯絡電話：（日）　　　　　　　　　　　　　（夜）		
Email：		
通訊地址：□□□-□□		
學歷：□國中以下　□高中　□專科　□大學　□研究所　□研究所以上		
職稱：□學生　□家庭主婦　□職員　□中高階主管　□經營者　□其他：		

● 購買本書的原因是？

□興趣使然　□工作需求　□排版設計很棒　□主題吸引　□喜歡作者　□喜歡出版社

□活動折扣　□親友推薦　□送禮　□其他：_____

● 就食譜叢書來說，您喜歡什麼樣的主題呢？

□中餐烹調　□西餐烹調　□日韓料理　□異國料理　□中式點心　□西式點心　□麵包

□健康飲食　□甜點裝飾技巧　□冰品　□咖啡　□茶　□創業資訊　□其他：_____

● 就食譜叢書來說，您比較在意什麼？

□健康趨勢　□好不好吃　□作法簡單　□取材方便　□原理解析　□其他：_____

● 會吸引你購買食譜書的原因有？

□作者　□出版社　□實用性高　□口碑推薦　□排版設計精美　□其他：_____

● 跟我們說說話吧～想說什麼都可以哦！

□□□-□□

寄件人 地址：

姓名：

24253 新北市新莊區化成路 293 巷 32 號

上優文化事業有限公司　收

（優品）

（請沿此虛線對折寄回）

◆ 優品文化事業有限公司
電話：(02)8521-2523
傳真：(02)8521-6206
信箱：8521service @ gmail.com

上優好書網　　FB 粉絲專頁　　YouTube 頻道